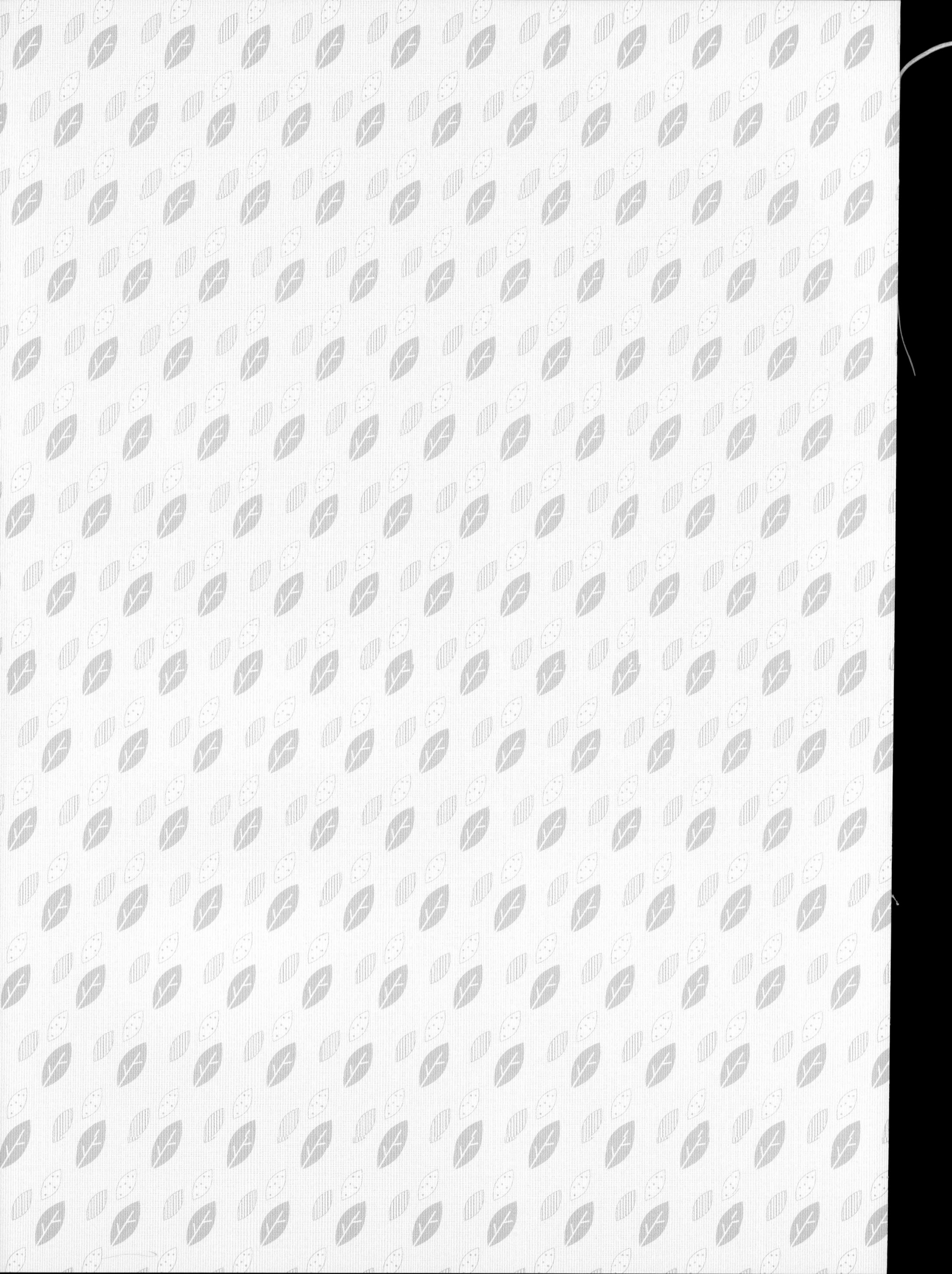

개정판

Basic Western Cuisine

Basic 양식조리

이재현 저

머리말

급속한 사회 발전 속에서 모든 것이 빠르게 변하듯 요리에도 많은 변화가 있는 것은 사실입니다. 그럼에도 불구하고 요리를 입문하는 초년생이 갖추어야할 기본은 지켜야 한다고 생각되며 제가 현장에서 30년 동안 임하면서 느낀 것이기에 모든 요리사들의 필수 항목이라 할 수 있습니다. 이는 바로 인성과 자세입니다.

첫째, 인성은 국민의 건강을 책임지는 조리인의 한사람으로서 유해하지 않고 정직한 음식만을 만들기 위하여 항상 변함없는 노력이 요구됩니다.

둘째, 자세는 항상 솔선수범하며 협동하고 노력하는 자세로서 시대에 맞춰가는 조리인인 것입니다.

그러기에 이 책을 펴면서 먼저 생각한 것은 요리를 입문하는 학생에게 가장 기본이 되며 보기 편하고 쉽게 이해할 수 있는 부분과 자격증 취득을 위한 부분이었습니다.

서양요리가 우리나라에 자리 잡은 지도 120여년이 지났으며 서양요리는 무궁한 발전을 가지고 왔고 우리 사회의 구석구석에 자리를 잡으며 맛을 즐기는 문화에서 건강을 생각하는 문화로 바뀌고 있는 추세입니다. 이 과정에서 양식의 기본이 조금이나마 퇴색되어가는 상황을 고려하여, 이 책을 정리하면서의 바람은 교육의 자료이며 입문하는 초년생들의 기본을 다지는 계기가 되었으면 하고, 또한 본문의 요리 실습을 통한 자격증 취득에 많은 도움이 되기를 바랍니다.

시중에 나와 있는 요리 서적들을 보면서 많은 혼동과 분별이 어려움은 사실입니다. 이 책은 요리의 기본을 배우는 단계에서 꼭 필요한 요목이기에 조금만 관심을 갖고 노력한다면 진정 초보 조리사들은 양식의 기본을 갖추게 되고 자격증 취득에도 큰 도움이 되리라 사료됩니다.

본 책이 출간할 수 있게 도와주신 백산출판사 관계자 분들과 육광심 이사장님, 함동철 학장님께 감사를 드리며, 마지막으로 늦은 나이에 직장에 다니면서 고생이 많은 아내와 항상 최고가 되라는 말에 노력하는 아들, 무뚝뚝하지만 속이 깊은 딸에게 사랑한다는 말을 전하고 싶다.

저자 씀

PART 01_ 이론편

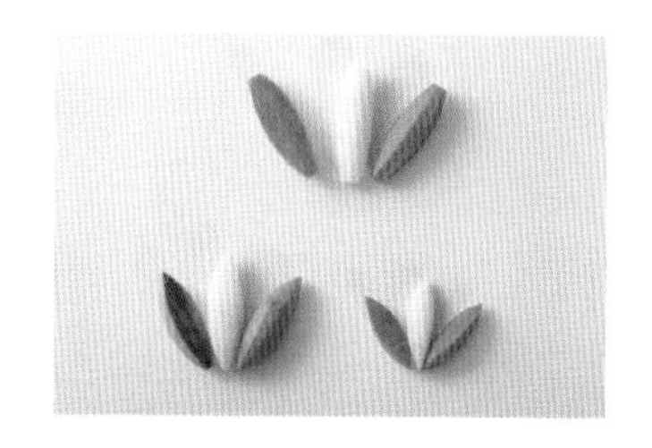

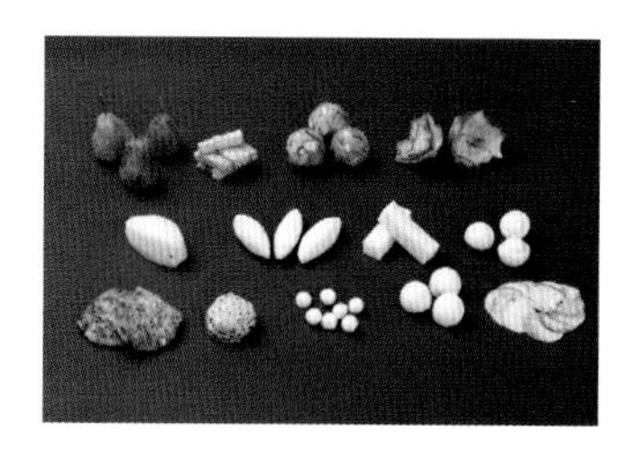

PART 02_ 국가기술자격(양식) 실기시험문제

PART 03_ 호텔식 서양요리

부록

PART
01

이론편

• 서양요리의 개요 • 조리의 개요 • 기초 조리
• 향신료 • 특수채소 • 계량·계측 • 조리 용어

서양요리의 개요

1-1 서양요리의 역사

각 나라마다 기후 · 풍토 · 생활양식의 차이로 음식이라는 문화는 그 나라마다의 생활배경이나 식습관 등 역사를 가장 잘 대변하고 있다. 따라서 음식문화의 역사와 배경이 나라마다 차이점이 많으며 이를 공부하기에 앞서 각 나라의 민족성, 자연환경, 지리적 특성, 생활양식 등을 먼저 이해한다면 음식의 특성과 변화 등을 이해하는데 도움을 받을 수 있다.

서양요리란 광범위하게 다루어지나 일반적으로 유럽을 포함하여 구미 지역의 음식을 말하는 것인데 역사를 살펴보면 인류가 수렵 · 채집 등을 통하여 이를 시식하는 과정 중 불을 사용하게 되는 시점이라 하겠으며 이를 통하여 좀더 다양한 방법으로 음식을 섭취하고 생활을 윤택하게 할 수 있는 계기를 마련하였다.

음식섭취는 생존과 결부되어 있으며 또한 이를 섭취하는 방법이 진화하면서 사람들은 서로 협동하고 한 무리를 지으며 음식을 같이 자급자족하며 종족을 보존하고 유지하였다.

4대 문명 발상지인 나일강 지역은 지리적으로 다른 땅에 비하여 비옥한 땅으로 여기에서는 채소, 과일, 생선, 달걀 등을 쉽게 얻을 수 있는 환경을 갖고 있어 많은 사람들이 군집하게 되었으며, 여기서 얻어진 재료로 풍족한 생활을 누리게 되었으며 다양한 식생활 문화가 형성하게 되었다.

음식의 다양성은 나라가 발전한 로마시대에 많은 재료와 조리 방법으로 요리가 만들어지고 풍성한 식탁을 누릴 수 있었으며 이시기 야말로 서양요리의 전성시대라 할 수 있었다. 부의 발전으로 식생활이 풍성해진 로마시대는 상류층에서 요리에 대한 관심을 다각적으로 불러일으켰다. 이 시대는 요리의 필수조건인 미식가와 조리사 및 풍부한 재료가 갖추어져 있었다. 이는 현대에 와서도 로마시대의 성행했던 요리기법이 전수되었으며 이탈리아, 프랑스 등 유럽 전역에서 로마시대 요리의 영향을 받아 이때의 요리를 기본으로 하는 식당들이 많이 성업하는 계기가 되었다.

특히 중국의 실크로드를 통한 로마시대에 더욱 요리가 발전할 수 있었던 요인이 되었으며 왕래가 이루어지지 않았던 아시아인들의 왕래로 새로운 요리의 재료, 기술, 방법이 가미되었기 때문이다.

로마제국이 몰락하게 되면서 요리, 문학 등 예술이 쇠퇴하기 시작했으며 로마인들은 수많은 요리에 대한 기술과 전통을 영국으로 가져갔다. 로마의 전통을 이은 영국요리는 다양한 재료와 요리 형태는 찾기 힘들었으며 요리가 간단하고 푸짐한 것으로 대다수가 농민과 노동자 계층에서 이용되어졌다.

연회와 축제가 많은 중세에 접어들면서 화려하고 보여지는 요리가 성행하여 사치스러워졌으며 종교개혁 후, 헨리 8세에 와서는 크리스마스가 교회의 3대 축제일 중 하나로 되어 축제기간은 유흥과 사치가 극에 달하였을 정도로 연회를 많이 하였으나, 엘리자베스시대 이후 사치적 연회의 제제가 이루어져 유흥과 사치가 적어지면서 일상생활에도 식생활의 변화와 이에 따라 요리가 간소화되기 시작했다.

그 당시 요리가 많이 부상되면서 요리의 기술과 능력을 평가 받은 요리장을 많이 선호하였으며 이를 고용한 클럽과 호텔이 성업하였다. 또한 많은 사람이 모이는 행사가 많아지면서 파티는 요리 콩쿠르 대회의 역할을 수행하였고, 이에 인정받은 요리사는 재능과 능력을 인정받아 연금도 생활도 보장되고 미식의 연구와 발전에 대한 일만 할 수 있는 최상의 일터가 조성되었다.

16세기 초까지 프랑스요리는 영국요리와 마찬가지로 평범하면서 운치가 없었으나 1533년 이탈리아와 프랑스 전쟁에서 프랑스가 승리하자 승리한 프랑스는 이를 계기로 오를레앙 공작이 이탈리아의 캐서린 메디치공주와 결혼시키면서 그녀를 수행하는 최고의 이탈리아 조리장들과 제빵 전문가들이 프랑스로 오게 되었고 그들의 요리가 프랑스에서 많은 인기와 실력을 인정받아 프랑스인들은 이들로부터 조리를 배워고 그들의 기술을 프랑스에 전수하고자 조리학교를 설립하여 요리를 기술적으로 배울 수 있게 발전시켰다.

또한 이탈리아 요리장들은 식사예절에도 영향을 주어 식사시 칼이나 포크 사용법, 손 씻는 법 등 식사문화를 정착화하였으며 요리시 요리의 기본방법을 가르치어 잼 만드는 법, 여러 가지 디저트 만드는 법이 전수되었으며 전래되었다. 이를 통하여 프랑스 요리는 그 기교와 우수성 또한 높아 세계적으로도 각광받는 요리가 되었다. 17세기 말에는 새로운 재료의 유입으로 좀 더 다양한 음식이 만들어졌으며 여기에 대표적인 차, 커피, 코코아, 아이스크림이 발명되었다. 특히 돔 페리농(Dom Pergnon)이 샴페인을 발명하여 음식의 차원을 한층 격을 높이는 계기가 되었다.

루이 14세(1638~1715) 때는 프랑스 문화가 유럽 전체에 파급되면서 프랑스 요리의 위상을 높이 받아들여 유럽의 각 궁전과 귀족들이 연회와 행사 시 그들의 요리와 음료부문의 전권을 프랑스 요리장에게 맡길 정도였다. 이들의 요리는 화려하고 세련되기는 하였지만 실제로는 먹기보다는 눈에 보기 좋은 요리들이 많았다. 또한 요리사의 명성뿐 아니라 프랑스는 지형적으로 스페인, 이탈리아, 독일, 스위스와 인접하고 있었기 때문에 각국과 문화적 교류가 상대적으로 이루어지기 쉽고 전 국토가 평야로 되어 있어 조리에 필요한 다양한 질 좋은 농산품과 유제품, 그리고 조리의 필수품이라 할 수 있는 포도주가 풍부하여 다양한 재료와 요

리는 19세기까지 명성을 유지하였다

프랑스의 요리사중 에스코피에르(Auguste Escoffier, 1847~1935)의 등장이다. 20세기초 에스코피에르는 요리를 표준화와 기본에 전념하였으며 이를 요리인에게 전파하여 프랑스 요리의 체계화와 격을 높여 프랑스 요리가 세계요리의 기본이 된 것에 일조하였다. 에스코피에르의 저서『Le Guide Culinair』에서는 요리의 기본을 충실함을 밑바탕으로 프랑스 고전요리를 지키며, 초기의 겉만 화려하고 맛이 떨어지는 음식은 배제하고, 요리로서 맛과 멋, 질적 향상과 재료의 조화를 통한 진귀한 고급요리를 외국인들에게 알리는데 지대한 역할을 하였다. 이렇게 세계 요리의 꽃은 프랑스, 이탈리아 등을 중심으로 발전하는 계기가 되었다.

그러나 그 후 제1차 세계대전을 전후하여 경제적 어려움과 재료의 한계가 오면서 이러한 요리방법이 자취를 감추고 요리가 단순하면서도 맛과 영향이 요구되는 요리의 단순화 경향이 대두되었다. 이 단순화된 요리는 요리의 질이 떨어진 것이 아니고 음식을 판매하거나 담아내는 방법과 서비스를 신속히 하여 비용을 절감하는 실리적인 방법으로 현 조리 기술의 기본을 만들었으며 지금은 음식을 먹고 즐기는 범위를 넘어 건강을 향상시키는 범위까지 요리의 발전을 하게 된 것이다.

1-2 우리나라의 서양요리

우리의 서양요리 역사는 오래되지는 않았으나 요리의 맛과 수준은 세계에 견주어도 뒤지지 않을 정도로 많은 발전을 가져왔으며 높은 수준에 이르렀다.

서양요리의 도입은 125여년 전에 처음 선해진 것으로 알려지고 있으며. 외국의 선교사들이 조선에 방문하여 많은 것을 전파하고 활동할 당시, 그들의 음식을 만들어준 외국 조리사로부터 우선 모방하는 것을 기본으로 시작하였다고 할 수 있다.

타 음식의 역사를 살펴보면 타지에서의 숙박을 통한 음식의 교류는 자연스럽게 본국의 입맛을 요구하게 되는 과정에서 이루어진다. 우리나라에서 숙박은 공공연하게 있었으나 호텔이라는 명칭을 처음으로 사용한 것은 1888년 인천에 설립된 대불호텔을 들 수 있으며, 그 후 스트워드(Stewead)호텔이 개관되었다. 호텔사업은 외국과의 거래가 많은 항구를 중심으로 개관 · 운영되었으며, 이는 항구를 중심으로 물품이 이동되는 당시 상인이나 무역 종사자들의 숙식을 위하여 생겨난 것으로 생각된다. 하지만 항로 이동은 시간과 비용이 많이들기에 철도사업을 활성화하면서 철도산업의 발달로 인해 내륙으로의 이동이 수월해지고 호텔산업도 변화가 오는데 항구 중심에서 내륙의 요지로 이동하여 발전하게 된다.

한말 고종이 아관파천을 하면서 유럽식의 서양요리가 일반인에게 소개되기 시작되는데 1902년에 성동에 세워진 '손탁호텔'이 시초이다. 손딕호텔의 이름은 사람이름이며 손탁은 러시아 공사 웨베르의 처형으로 명성황후에게 요리강습 등을 통해 친분을 쌓은 후, 명성황후의 추천으로 정동에 있는 왕실 건물을 기증받게 되었으며 2층은 객실로 사용하고 1층에는 레스토랑을 개관하여 운영하였으며 사대부 양반의 지도층 사교계를 주름잡는 모임을 많이 하게 되었다. 이때부터 레스토랑이라는 용어를 사용하였으며, 레스토랑은 서양요리를 판매하는 곳으로 명칭하니 우리나라 레스토랑의 시조라 할 수 있다. 또한 일반인들에게 처음으로 커피를 판매한 곳도 이곳이라고 하니 가히 우리나라 호텔사업의 시초라 할 수 있다.

초창기 우리나라의 호텔산업은 철도를 중심으로 발전하게 되는데, 사람들이 철도를 이용하여 많은 왕래가 가능해지고 이들의 숙식을 해결하기 위한 대안으로 발전하게 된다.

서구식 호텔이 1914년 3월에 개관되니 이 호텔이 조선호텔로 본격적인 서구식 호텔의 시작을 알리는 계기가 되었는데, 그 당시 우리나라에서 처음으로 연회장(Banquet)이라는 개념의 영업을 시작한 것이 조선호텔이다. 1925년에 탄생한 Grill은 철도식당인 서울역 내에 있는 레스토랑으로 오늘날까지 서양요리의 조리기술을 향상시키는데 크게 기여하였다.

호텔산업의 발전은 1961년 8월 22일, 「관광진흥법」이 제정되면서 일대 발전의 계기를 맞이하게 된다. 이는 우수 호텔을 국가에서 선정하여 행정지원을 해주는 제도로서 호텔이 성장하는데 많은 혁신과 번창으로 여러 호텔이 개관하는 혜택을 누리게 된다. 그당시 메트로호텔, 사보이호텔, 그랜드호텔, 아스트토리아호텔, 뉴 코리아호텔 등이 이에 포함되어 영업을 하게 된다.

호텔은 무역, 관광, 개발 등 많은 비즈니스에 중요한 역할을 해냄으로써 호텔의 역할의 필요성을 느낀 정부는 1962년 6월 26일에는 국제관광공사가 설립되고, 호텔산업의 가속화하여 우리나라 최초의 현대적 시설을 갖춘 워커힐호텔이 1963년 4월에 개관하게 된다. 워커힐호텔은 당시 동양에서는 상당한 규모의 리조트 호텔로 외국관광객을 유치하는데 초석이 되었으며, 1970년대 들어와 외래관광객이 급증하게 되고 1976년 서울 프라자호텔, 부산 조선비치호텔, 서울 하얏트호텔, 부산 코모도호텔, 경주 코오롱호텔 등 호텔도 여러 지역과 최신식의 설비를 갖춘 호텔로 거듭나게 되었다.

외국 관광객의 수가 100만 명을 넘은 1978년에는 기념비적인 해가 되어 관광산업의 발전이 가속화되었으며 1970년대 후반에는 더 많은 호텔이 개관하여 전국적으로 신라호텔, 롯데호텔, 경주조선호텔, 부산서라벌호텔, 서울가든호텔 등이 개관하여 활발한 활동을 하게 된다. 그후 급속도로 급성장한 호텔산업과 외식시장은 1986년 서울아시안게임과 1988년 서울올림픽을 거치면서 호텔산업이 확고히 자리잡으며 서비스업의 상승으로 호텔리어의 전성기를 이루었다. 호텔사업의 팽창은 양대 행사를 거치면서 다양한 식재료가 유입되고 첨단 조리기기들이 도입되어 조리 기술의 눈부신 발전을 가져오게 된다. 또한 이 시기에 선진 기법의 호텔 서비스를 제공하게 된다. 호텔의 번창이 일반 외식문화에도 반영되어 호텔에서만 느낄 수 있던 고급음식들도 각 지역으로 확산되면서 호텔에서만 맛볼 수 있던 음식들이 프랜차이즈나 패밀리 레스토랑의 대거 유입으로 누구나 즐길 수 있는 음식으로 정착기를 맞게 된다.

1990년후반은 해외 유학파들이 대거 입문하면서 청담동을 기점으로하여 퓨전 레스토랑이 생기면서 요리의 퓨전시대가 이루어졌으며 세계 각국의 음식들이 우리나라에 소개되면서 외식의 활성화가 가속화되었다 그후 2000년대에는 웰빙시대를 거치면서 경제 침체기를 맞아 우리나라의 외식시장은 그동안의 급속한 팽창이 정리되고 프랜차이즈나 전문점이 주를 이루며 요리의 형태나 소비시장이 간소화, 전문화되면서 이탈리아 요리가 주를 이루는 경향으로 가고 있다.

조리의 개요

2-1 조리의 의의

음식의 변화는 끊임없이 변천하고 있으며 시대의 사회적, 문화적 배경에 따라 그 형태 또한 다각화, 전문화되고 있는 것은 사실이다. 인류가 음식을 섭취 할 때 좀 더 편하고 이롭게 섭취를 하기 위해서 다각적 방법을 통하여 이로운 방법을 일상생활에 적용시킴으로써 음식은 생활의 한 양식이 되었으며 이를 통한 국가 간의 교류는 물론 개개인의 생활에도 많은 영향을 주었다. 음식을 섭취하는 과정 중 인간에게 해로운 유해물질을 제거하고 이로운 것을 선별하여 이를 좀 더 합리적이고 과학적으로 관리하고 이를 여러 형태의 조작을 통하여 새로운 음식을 창출해온 것이 사실이다.

음식의 두 가지 측면을 들면 영양적 특성과 기호적 특성이 강조되는데, 음식을 섭취할 때 맛, 향기, 색채와 감각에 의해 음식을 즐겁게 먹고 필요한 영양소를 충분히 섭취함으로써 만족감을 얻는다. 이는 여러 조작을 통하여 식품의 영양가를 높이고 위생적이며 먹기 쉽고 소화흡수가 잘 되도록 기호성을 높이는 것을 말하는데 이러한 조작 과정을 조리라고 한다. 즉 조리란 전문적인 기술을 가진 사람들이 식품에 열과 기타 필요한 향신료를 첨가한 후 조리기구를 이용하여 굽거나 끓이거나 볶아서 사람의 입맛에 맞게 변화시킴으로써 먹을 수 있는 상태로 만드는 기술을 말한다.

2-2 조리의 목적

① 식품의 영양 효과를 높인다.

음식을 섭취함에 있어 먹기 편하게 하는 것은 자르거나 다지고 가열조작을 통하여 발생되는 영양소의 유출과 파괴 등의 손실을 최소화하며 소화하기 쉬운 것으로 만들어 우리 몸을 이롭게 하는 것이 조리의 목적이다.

② 식품의 기호성을 높인다.

음식을 섭취하는 측면만이 아닌 다양화된 욕구 즉 맛, 향, 질감, 시각적 효과 등으로 나눌 수 있다. 음식에 대한 기호는 성별, 지역, 연령, 등 여러 제반 요인에 의해 차이가 있지만 현대인은 건강, 편의성 등 사람들의 기호를 만족시키는데 목적을 두고 있다.

③ 식품의 안전성을 높인다.

각종 유해 물질로부터의 방지는 식품에서 제일 중요한 부분이며 이를 통한 식품의 안전성은 사람에게 많은 영향을 미치기에 이를 제거하여 식품의 부패와 같은 변질을 막아 위생적이고 안전한 요리를 만드는데 목적을 두고 있다. 복잡한 사회 환경 속에서 사람들의 식품에 대한 안전성은 더욱 높아지는 추세이다.

④ 식품의 저장성을 높인다.

음식은 보관상태에 따라서 산패, 부패, 변패되는데 이 식품을 소금이나 설탕, 식초에 절이거나 또는 식품을 가열하는 등의 조작을 통하여 세균억제를 함으로써 부패를 방지하여 저장성을 높이고 있다. 음식의 종류에 따라 하루, 이틀, 또는 한 달, 1년 등 다양한 방법을 통하여 식품의 장시간 보관 및 위생적으로 섭취함으로써 제철음식을 사시사철 즐길 수 있는 문화가 형성되고 있다.

2-3 조리 업무

과거 주방에서 생산하는 요리의 일렬 과정 중 한정된 공간에서 음식을 만드는 것에 국한되어 조리 업무라 하였으나 사회가 변화됨에 따라 조리도 여러 형태의 업무로 구분되었으며, 여기에는 전문성 또한 중요시되어가는 것이 추세이다

조리 업무란 식재료의 구매, 메뉴 개발, 상품의 생산, 판매, 서비스에 이르는 모든 과정에서 발생하는 제반 업무를 말하며, 홍보관리, 원가관리, 인력관리, 구매관리에 관계되는 업무도 이에 포함된다. 조리 업무의 목적은 합리적 조리 업무를 통한 상품 가치의 극대화와 이를 통한 고객 욕구의 충족이라 할 수 있다. 특히 조리 업무는 상품생산에 직접적 영향을 미치며 이는 매출과 매장의 성공에 중요시되기에 그 중요성은 날로 커지고 있다.

1. 조리 업무의 기본 단계

1) 조리 업무의 의사결정 단계

조리 업무의 첫 번째 단계로 요리를 하기 전 어느 정도 양으로 언제 만들 것인가를 결정하는 것으로 예상 이용객 수를 예측하여야 하는데 이는 전년도 매출 기록, 객실 예약상황, 행사 예약상황, 당일 예약상황 등 기초 자료로 이용해야 하며 아울러 신메뉴의 적정 양과 식자재의 구매 의뢰 등이 있다. 이를 효과적으로 운영하기 위해서는 주방조직의 체계화와 의사결정 등이 중요하며, 항상 업체 간에도 정보교환이 이루어져야 한다. 이는 시장조사를 통한 식자재의 관리에 중요한 관계가 있기 때문이며, 비수기에 대비하여 식자재의 구매 저장과 재고량 유지를 위한 정기 재고조사 및 관리가 요구된다.

2) 요리 상품의 생산 단계

주방 근무자의 의사결정이 이루어지면 파트별로 신속하게 음식을 표준량 목표에 의한 상품 생산과 기타 생산에 필요한 여러 조리 공정을 작업하는 단계를 말하

며, 고객의 욕구에 합당한 상품의 생산이 안전하게 진행됨으로써 이를 통하여 조직적 생산의 향상과 안전성이 중요시된다.

3) 요리 상품의 판매 단계

고객 주문과 동시에 제품을 생산 접객원을 하여금 요리가 신속, 정확하게 전달되는 것을 말한다. 음식의 판매는 일반상품과 달리 맛, 모양, 온도, 신선도가 요구되며 구매와 동시에 만족도가 바로 표출되기에 전문적 조직 구성이 중요하고 항상 고객의 관점에서 판매되어야 한다.

4) 요리 상품의 사후 관리 단계

상품판매뿐 아니라 고객의 욕구를 극대화하여 재방문을 통한 판매활동이 지속되도록 하는 것을 말하며 이는 고객의 요리에 대한 반응을 수시로 점검하고 고객의 특성을 정확히 파악하여 신메뉴 개발의 기초 자료로 사용하며, 비인기 상품에 대한 대체 품목 개발 등 고객 개개인에 대한 고객 카드를 활용한 관리에 최선을 다한다.

2. 조리인의 기본조건

조리사는 선천적 능력보단 후천적 자기 노력에 영향를 주며 노력하는 조리사는 더욱 발전할 수 있는 계기를 갖는다. 또한 요리의 기술이 중요하다하나 먼저 선행되어야 하는 것은 요리를 만드는 역할뿐만 아니라 기본적인 인성을 갖춘 사람이 되어야 한다. 이는 요리는 모든 사람의 건강을 책임지고 위해요소에서의 문제를 미리 차단하는 역할을 하므로 국민 건강의 역할도 책임지기 때문이다. 조리직종에 입문하는 사람은 직업에 대한 가치관, 인생관, 생활관이 확고해야 한며. 후배들에게 존경받는 주방장이 될 수 있도록 항상 노력하는 자세가 필요하다. 또한 요리를 임함에 있어 열정과 정성을 다함은 물론 고객에게 미치는 영향을 진단하고 생각하면서 조리에 임해야 한다.

다음은 요리사가 지켜야 할 기본조건이다.

1) 정성을 다하는 마음

내 가족을 위하여 만든다는 생각으로 만드는 음식에 열의와 정성을 다하는 마음가짐을 이야기하며, 고객에게 최대한의 맛과 멋을 줌으로써 최대 감동을 이끌어내는데 항상 노력하는 마음이 중요하듯 영양가를 고려한 음식을 제공하는데 최선을 다한다.

2) 위생관리에 철저

조리사는 항상 개인위생, 주방위생, 식품위생적인 측면에서 음식을 만들 때 중요시되며, 개인건강뿐 아니라 모든 이의 건강을 책임진다는 자세를 항상 생각하며 업무에 임해야 한다. 대형화 추세를 보이는 현대사회에서 조리사의 위생 불감증은 자칫 대형 사고를 유발할 수 있으므로 정기적 위생교육을 통하여 항상 청결하고 깨끗한 환경에서 안전한 음식을 만드는 것에 최선을 다해야 한다.

3) 근검, 절약정신

현 사회는 음식물 쓰레기로 인한 사회 문제가 많이 발생되고 있으며 외식시장에서의 음식물 낭비를 최소화하기 위한 노력을 많이 하고 있다. 이처럼 한해 버려지는 음식물과 이를 만드는 조리사의 마음가짐이 많이 중요시되며, 철저한 관리를 통하여 절약하는 자세로 임해야 자기 자신과 회사 발전에 기여할 수 있기에 조리사 개개인의 주인의식이 요구된다.

4) 조직원과의 화합

조리사는 국민의 건강을 책임지는 중요한 책임을 맡고 있으므로 이를 이행하는 과정은 무엇보다 중요하다 하겠다. 음식이란 상품은 여러 명이 힘을 모아 고객의 만족이라는 결과물을 만들어가는 과정이며 이는 개인의 욕심이나 생각보다는 조직원간의 상호관계가 중요하기 때문에 항상 솔선수범하는 자세가 요구된다.

5) 예술성

현대인은 음식을 단순히 먹는 것으로만 만족하지 않으며 개인의 만족도는 다양하기에 음식의 맛은 기본이며 예술적 가치관도 많은 이들이 선호하는 추세에 힘입어 요리의 예술성이 많이 요구되는 추세이다. 따라서 조리는 과학이며 또한 예술이라는 의식을 가져야 한다. 조리에 있어서 예술적인 감각을 가미시킬 수 있는 자질을 향상시켜 고객에게 한 번 제공된 음식 상품을 기억하게 할 수 있는 최상의 요리를 제공할 수 있도록 많은 현장 경험이 요구된다.

6) 공부와 연구 개발

음식 상품은 패션과 같은 유행성도 갖고 있으며 소비자의 트랜드 또한 다양성을 요구하기에 조리사들의 시대에 맞는 제품을 출시하는 것 또한 시대가 요구하는 조리인이기에 이를 행하기 위해서는 많은 공부를 통한 연구 개발이 요구되며 이는 고객지향적인 관점에서의 상품 개발에 노력을 꾸준히 하여 소비자 욕구에 발 맞추어야 할 것이다.

7) 시대흐름의 반영

지금도 주위의 많은 식당들이 도산의 위기에서 어려움에 처해 있으며, 이 식당들의 공통점 중 한 가지는 소비자의 외식 트랜드에 맞지 않는 콘셉트에 직면해 있는 점과 이에 대한 변화가 요구된다는 점이다. 최근의 고객 기호는 상당히 빠른 패턴으로 변화한다. 조리사는 항상 새로운 요리를 고객에게 제공할 수 있도록 연구, 개발하는 분위기를 조성하여야 하며 외식시장의 변화에 항상 준비되어 있어야 한다.

기초 조리

3-1 조리용 칼

음식의 재료와 용도에 따라 칼의 선택은 중요하며 요리 조작 시 최초의 도구이며 조리 상품을 만드는데 필요한 기본도구이다. 칼의 역할은 음식의 모양과 재료의 배합을 용이하게 하는 도구이며 먹음직스럽고 다양한 종류의 음식을 만드는데 적절하다. 또한 사용하는 사람에 따라 각별한 주의를 요하는 도구인 것이기에 그 중요성이 강조되는 도구 중 하나인 것이다.

칼은 잡는 방법과 사용하는 방법을 정확하게 알아야 위험 요소에 노출되어진 작업자의 안전이 유지되며 조리 작업의 효율성을 최대로 높일 수 있다. 칼은 사용되는 재료에 따라서 용도에 맞는 칼을 선택하여 이용한다면 조리 과정이 자연스럽고 여러 종류의 채소나 육류를 절단할 때 정확도와 속도를 높일 수 있다. 그만큼 칼의 용도가 다양하고 중요함은 물론 조리사들이 가장 중요시하는 다기능의 절단 기구이다.

1. Chef Knife 고르는법

① 칼과 손잡이 이음 부분을 수평으로 했을 때 무게중심이 잡히는 것을 선택한다.

② 칼날에 흠이나 상처가 없는 것을 선택한다.

③ 칼이 떨어질 때 손잡이 부분이 먼저 떨어지는 안전성이 있는 것을 선택한다.

④ 칼의 손잡이는 미끄럼이 없는 것으로 선택한다.

⑤ 칼의 등과 날의 폭이 넓은 것을 선택한다. (칼 활동의 범위가 넓어 칼질용의)

⑥ 손잡이부터 칼끝까지 견주어 보아서 구부림이나 뒤틀림이 없는 것을 선택한다.

⑦ 칼 손잡이와 칼의 이음새가 하나로 되어 있으며, 이음새가 틈이 없이 깨끗하게 되어진 것을 선택한다.

⑧ 칼 손잡이를 잡았을 때 편안하고 손에 맞는 것을 선택한다.

⑨ 칼의 등이 너무 두꺼운 것은 피한다. (당근, 무 등을 썰 때 쪼개짐 현상 방지)

2. 칼의 사용법

① 한 손은 식자재가 움직이지 않게 한 손은 칼이 움직이지 않게 바르게 잡는다.

② 칼 잡은 손은 자르고자 하는 모양대로 손의 위치 선정을 올바르게 해서 자른다.

③ 반드시 도마를 사용해야 한다. (칼날을 손상시킴)

④ 칼날을 항상 체크하여 예리한 상태에서 작업을 한다. (작업능률향상)

⑤ 한 번 사용한 칼은 항상 세척하고 물기를 제거한 후 사용한다. (다른 재료에 냄새 배임)

⑥ 다 사용한 칼은 물기없이 세척 후 칼집에 보관한다. (세균번식과 녹슬음 방지)

조리사들이 조리 작업을 안전하게 진행하기 위해서는 무엇보다도 칼을 어떻게 사용하고 자기 몸에 맞도록 익숙하게 사용하느냐에 달려 있다.

3. 칼에 대한 안전사고 예방

칼은 이로운 도구인 동시에 때론 사용하는 이에 따라서 위험한 도구가 될 수 있으므로 사용하는 사람에 따라 주의가 요구되기에 항상 안전에 유념하여 지켜야 할 수칙이 있으며, 음식을 자르는 이외의 목적에는 사용하지 말아야 한다.

① 손잡이가 미끄럽지 않게 하여 항상 안전을 유지하여야 한다.
② 칼의 사용은 재료에 따라 칼의 형태와 크기, 용도에 맞게 사용해야 한다.
③ 주방 기물을 세척하는 싱크대에 칼을 놓아서는 안 된다. (물에 잠기면 부주의 발생)
④ 항상 도마 위에서 칼을 사용하여야 한다.
⑤ 손에 들고 장난하는 것은 절대 금물이다.
⑥ 다른 사람에게 전달 시 칼의 손잡이가 상대방을 향하도록 하여 전달한다.
⑦ 칼날은 항상 잘 서 있어야 한다. (작업 능률 및 안전사고에 영향)
⑧ 바닥에 떨어지는 칼을 잡으려고 하지 말아야 한다.
⑨ 칼은 누구든지 잘 보이는 곳에 놓는다. (천을 덮거나, 식재료에 포개 놓는 것은 금물)
⑩ 칼날을 이용하여 캔 등을 따지 말아야 한다.

4. 칼의 종류

재료의 종류에 따라 칼의 선택이 이루어지는데 적정한 칼의 선택은 중요하며 칼의 날, 모양, 사이즈에 따라 가장 알맞은 칼을 결정하여야 한다.

1) Boning knife

일명 뼈 바르는 칼이라 하며, 가늘고 긴 칼날. 뼈에 붙어 있는 고기를 저며낼 때 효과적이도록 목부분에 턱이져 있다. 15~20cm 크기로 면적이 작고 예리하며 도축 시 많이 사용한다.

2) Bread knife(Serrated bread knife)

프렌치 빵이나 호밀빵을 썰기 위한 것으로 일반적으로 250~350mm 크기로 날 끝에 톱니가 있어 슬라이스 대신에 톱으로 켜는 것처럼 자르는데 매우 유용하다.

3) Chinese chef's knife

중식 칼이라 하며 넓고 날카로운 칼날을 가진 칼이다.
아시아에서 주로 사용되며 고기나 생선, 채소 등을 다듬거나 자르는데 사용한다.

4) Decorating knife

주름 칼이라고도 하며 당근, 오이피클, 묵, 감자 등을 장식적인 무늬로 자르는데 사용하는 칼이다.

5) Filleting knife

길고 가늘며 잘 구부러지는 칼날을 가진 칼로 고기나 생선의 살을 깨끗이 발라내는네 적합하세 만들어졌다.

6) French knife(Chef's knife)

가장 일반적인 조리용 칼이다. 강한 칼날을 가진 칼로 폭이 넓고 튼튼하며 무게감이 있다. 칼의 사이즈는 보통 230~300mm 길이로 견고한 날로 50mm 폭과 뾰족한 끝을 가지고 있으며, 가장 보편적으로 쓰이며 다목적용이다.

7) Paring knife(패어링 나이프)

비교적 작고 가벼우며 얇은 칼날로 껍질 벗기기, 정리하기, 자르기, 장식하기 등에 다용도로 사용되는 칼이며, 크기는 90~120mm이다.

8) Petite knife

스몰 나이프로 감자, 과일, 채소의 껍질을 벗기거나 썩은 부위를 도려낼 때와 당근 올리벳토를 깍을 때 많이 사용하며, 일자형과 곡선형으로 사용된다.

9) Santoku knife

아시아 타입의 칼로서 넓고 날카로운 날을 가진 칼이다. 아시아 지역에서 가장 기본적으로 사용하는 것으로 요리를 위한 고기나 생선, 채소의 준비에 사용한다.

10) Spatula

베이커리에서 많이 사용되며 긴 일자형으로 쉽게 구부러지고 둥그런 끝을 가졌으며, 반죽을 펴거나 뒤집는데 사용한다.

11) Slicing knife

햄이나 큰 살고기를 자르는데 사용하며, 날카로운 날을 가진 칼로 230mm의 길이이며 강하다.

12) Steak knife

fillet이 미흡하여 다듬거나 스테이크 고기를 일정하고 간단하게 처리하는데 쉬운 칼로 작고 강한 칼이다.

13) Tomato knife

속은 부드러우나 두꺼운 껍질을 가진 과일 등을 썰기 위한 용도의 칼로, 톱니 모양의 칼날과 포크 모양의 칼끝을 가진 특수한 중간 크기의 칼이다. 끝이 V자 모양으로 되어 있어 토마토의 꼭지를 용이하게 떼어낼 수 있다.

14) Utility(Carving) knife

쉐프 나이프와 비슷하며 여성 요리사들이 즐겨 사용한다. 얇고 강하며 날카로운 날을 가진 칼로 200mm까지의 길이를 가진 다목적 칼이다.

15) Vegetable knife

스몰 나이프라 하며, 강한 칼날을 가졌으며 과일, 채소 등을 다듬거나 벗길 때 사용하거나 썩은 부위를 도려내기에 좋다.

3-2 채소 썰기

요리의 기본재료인 채소를 다듬고 써는 과정은 요리의 기본 단계이며 이를 통한 요리의 완성은 어떤 모양, 크기, 규칙성, 다양성에 따라서 완성도가 달라진다. 그러기에 채소 썰기는 요리의 기본인 동시에 품질을 결정하기에 채소 썰기의 중요성이 요구된다.

채소 자르기에는 다음과 같은 여러 가지 모양이 있다.

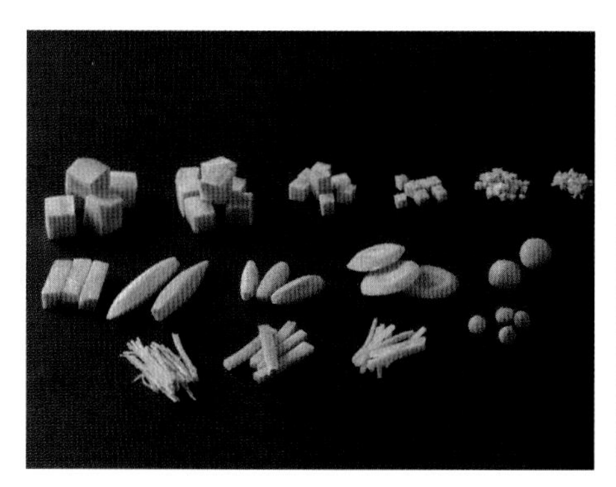

1. 채소 썰기 용어(Vegetable Cutting Terminology)

용어	방법	사진
Allumette or Medium Julienne (또는 미디엄 줄리앙)	0.3×0.3×6cm 길이로 성냥개피 크기의 채소 썰기 형태이다.	
Batonnet or Large Julienne (바또네 또는 라지 줄리앙)	0.6×0.6×6cm 길이로 네모 막대형 채소 썰기 형태이다.	
Brunoise (브루노와즈)	0.3×0.3×0.3cm 크기의 주사위형으로 작은 형태의 네모 썰기 형태이다.	

용어	방법	사진
Carrot Vichy (캐롯 비취)	0.7cm 정도의 두께로 둥글게 썰어 가장자리를 비행접시처럼 썰은 모양을 말한다.	
Chateau (샤토)	타원형의 양쪽 끝이 가늘게 5cm 정도의 길이로 써는 것을 말한다. 샤토는 썬다기보다는 다듬기가 더 어울린다.	
Chiffonade (쉬포나드)	채소, 허브잎 등을 실처럼 가늘게 써는 것.	
Concasse (콩카세)	토마토의 껍질을 벗기고 살 부분만을 0.5cm 크기의 정사각형으로 써는 것.	
Cube or Large Dice (큐브 또는 라지 다이스)	기본 네모 썰기 중에서 가장 큰 모양으로 2×2×2cm 정육면체 형태이다.	
Emence/Slice (에망세/슬라이스)	채소를 얇게 저미는 것. 영어로는 Slice라고 한다.	
Fine Brunoise (파인 브루노와즈)	0.15×0.15×0.15cm 크기의 주사위형으로 가장 작은 형태의 네모 썰기이다.	

용어	방법	사진
Fine Julienne (화인 줄리앙)	0.15×0.15×5cm 정도의 길이로 가늘게 채 썰은 형태이다.	
Hacher/Chopping (아세/찹핑)	채소를 곱게 다지는 것을 말한다. 영어로는 Chopping라고 한다.	
Medium Dice (미디엄 다이스)	1.2×1.2×1.2cm 크기의 주사위형으로 정육면체 형태이다.	
Mince (민스)	주로 고기종류를 다지거나 으깬 것.	
Olivette (올리벳트)	당근, 호박, 무 등 중간 부분이 볼록한 럭비공 모양으로 써는 방법을 말한다.	
Parisienne (파리지엔)	채소나 과일을 파리지엔 나이프를 사용하여 둥근 구슬 모양으로 파내는 방법을 말한다.	
Paysanne (빼이잔느)	1.2×1.2×0.3cm 크기의 직육면체로 납작한 네모 형태 썰기이며 야채수프에 많이 쓰는 크기이다.	

용어	방법	사진
Pont Neuf (퐁 느프)	0.6×0.6×6cm의 크기로 사각 기둥 형태로 써는 것.	
Printanier/Lozenge (쁘랭따니에/로진)	두께 0.4cm, 가로, 세로 1~1.2cm 정도의 다이아몬드형으로 써는 방법을 말한다.	
Rondelle (롱델)	야채를 두께 0.4~1cm 정도로 둥굴게 자르는 것을 말한다.	
Russe (뤼스)	0.5×0.5×3cm 크기로 길이가 짧은 막대기형으로 써는 것.	
Small dice (스몰 다이스)	0.6×0.6×0.6cm 크기의 주사위형으로 썰은 형태이다.	
Tourner (뜨르네)	감자나 과일 등 돌려가며 둥글게 깎아내는 것을 말한다.	
Wedge (웨이지)	레몬이나 감자 등을 반달 모양으로 써는 것을 말한다.	

2. 토마토 모양내기(Tomato Garnish)

❶ 썬드라이토마토(Sun Dry Tomato) ❷ 리브토마토(Leaf Tomato) ❸ 장미토마토(Rose Tomato)
❹ 플라워 토마토(Flower Tomato) ❺ 콩카세(Concasse Tomato) ❻ 웨이지 토마토(Wage Tomato)
❼ 토끼 토마토(Rabbit Tomato) ❽ 줄리앙 토마토(Julienne Tomato) ❾ 방울토마토(Cherry Tomato)

3. 감자요리와 모양내기(Pomme de Terre)

양식에서 감자의 쓰임새는 여러 가지가 있으며 요리 또한 다양한 종류에 감자 요리가 있다.

감자는 육식을 주식으로 하는 서양 사람들에게는 탄수화물(녹말)을 제공하는 가장 중요한 채소이며, 곡물의 성분이 대부분 산성인데 반해 감자는 유일한 알칼리성 식품으로 과다한 육류를 섭취함으로 인해 체질이 산성화된 것을 중화시켜주는 역할을 한다. 이 때문에 각종 요리에 감자를 곁들이게 된다.

여기에 다양한 감자 요리를 살펴보기로 한다.

❶ William ❷ French Fried ❸ Berny ❹ flower
❺ Boiled ❻ Olivette ❼ Pont Neuf ❽ Champignon
❾ Rosti ❿ Duchesse ⓫ Pear ⓬ Parisienne ⓭ Anna

	모양	요리
Pomme Allumette (Matchstick Potatoes)	성냥개비형	Deep Pat Pry , Saute한 다음 소금으로 간을 한다.
Pomme Anglaise	Oval 형태	삶거나 쪄서 버터 소금물에 저장 후 서빙한다.
Pomme Anna	링 슬라이스형	얇게 Ring Slice한 감자를 반쯤 익혀 원형틀(Mould)에 모양내어 Oven에 익힌 요리.
Pomme Berny	구슬형태	메쉬드 감자를 구슬모양으로 만들어 밀가루, 달걀 물, Almond에 묻혀 Deep Fat Fry한다.
Pomme a la Boulangere	슬라이스형	감자를 슬라이스 하여 고기와 함께 Oven에서 굽는 것.
Pomme Bretonne	Large Dice	감자를 양파, 마늘 찹에 볶은 다음 Consomme를 첨가하여 익히고 토마토 다이스를 넣고 마무리한다.
Pomme Champignon	양송이 모양	감자를 구슬로 파내어 양송이 모양으로 만들어 Boiled한 뒤 소금, 후추 한다.

	모양	요리
Pomme Chateau (Potatoes Chateau Style)	오발 원기둥형	Chateau 형태로 감자를 다듬어 버터 소금물에 삶거나 삶은 후 Saute한다.
Pomme Chips	얇은 원형이나 벌집모양	감자를 얇게 Slice하여 기름에 바삭하게 튀긴 후 소금, 후추 한다.
Pomme Croquette	손가락 크기의 원기둥형	메쉬드한 감자를 길이 5cm, 지름2cm 정도로 길쭉하게 다듬어 밀가루, 달걀 물, 빵가루를 묻혀 Deep Fat Fry한다.
Pomme Dauphine	콜크 병마개 모양	메쉬드한 감자에 Chou를 첨가하여 Croquette 모양으로 다듬어 Deep Fat Fry한다.
Pomme Gratin a la Dauphinoise	pie style	껍질 벗긴 감자를 2mm 정도 두께로 Slice하여 Cream, 스톡을 넣고 위에 Gruyere Cheese를 뿌려 오븐에 굽는 요리.
Pomme Duchesse	고깔모양	Pomme Croquette와 같이 반죽을 만든 후 Pastry Bag으로 모양내어 살라만다에 색을 낸다.
Pomme Facie	egg stuff style	껍질을 벗겨 속을 파낸 다음 Farcemeat를 채워 Oven에 굽는다.
Pomme Fondante (Potatoes Fondante)	Pomme Nature 형태	껍질제거 후 여러 모양으로 다듬어 Pan에 Stock과 Butter를 넣고 Oven에 익힌다.
Pomme au Four	Potato Whole	감자를 통째로 Oven에 익힌다.
Pomme Frites (French Fries)	막대기형	French Fried Potatoes와 동일하다.
Pomme Lyonnaise	링 슬라이스형	감자를 둥근 막대형으로 다듬어 Slice한 다음 Onion Slice와 함께 Pan에 볶아 제공한다.
Pomme Mashed	감자를 곱게 으깬 형	삶은 감자를 체에 내려 따뜻한 우유와 버터, 소금, 후추 한것. (짤주머니로 여러 가지 모양을 낼 수 있다.)
Pomme Nature d'hotel	pie style	Cream Potatoes에 Parsley Chop을 첨가한다.
Pommes Nature (Boiled Potatose)	반 원형	감자를 반원형으로 잘라 버터 소금물에 삶아낸 것.

	모양	요리
Pomme Normande	Gratin style	얇게 Slice한 감자에 Onion, Leek(White)과 함께 Pan에 볶는다. 크림소스를 첨가하여 Gratin한다.
Pomme Paille (Straw Potatoes)	Large Julienne형	Large Julienne으로 썰어 Deep Fat Fry한 후 소금, 후추 한다.
Pomme Parisienne	큰 구술형	Noisette보다 약간 크게 구슬로 판 후 버터 소금물에 Boil 또는 Saute한다.
Pomme Parmentier(Potatoes Parmentier)	직사각형	1/2 Cube Size로 다듬어 삶은 후 버터 소금물에 Boil 또는 Saute한 후 소금, 후추 한다.
Pomme Pear	진주 모양	작은 구슬의 Boiled Potato로 Boil 또는 Saute한 후 Parsley Chop을 뿌려준다.
Pomme Persillce	반원형	Boiled Potato로 Parsley Chop을 뿌려준다.
Pomme Pont-Neuf (Potatoes Pont-neuf)	Pont-neuf의 다리 기둥 모양	직육면체에 모서리를 조금씩 자른 후 배가 볼록한 모양을 하여 Boiled한 후 기름에 튀겨낸다. French Fried Potatoes와 비슷하다.
Pomme Provencale	링 슬라이스	둥근 막대 모양으로 잘라 얇게(2mm) 썰어 Butter로 Saute하여 Garlic chop을 첨가한다.
Pomme Rosette	장미모양	감자 퓨레를 데크레이션 튜브에 넣어 장미꽃 모양으로 모양을 낸 것.
Pomme Rosti	팬 케이크형	Boiled Potato로 강판에 체내려, 베이컨, 양파, Parsley Chop을 뿌려 전 모양으로 구워낸 것.
Pomme William	유럽 배 모양	감자 퓨레를 만들어 유럽 배 모양으로 밀가루, 달걀, 빵가루 입혀 스파게티를 꽂아 기름에 튀겨낸 것.

3-3 조리 기본방법(Basic Cooking Method)

요리를 하는 과정 중 열의 전달과정은 여러 형태로 변화시킬 수 있으며 이를 통하여 다양한 방식으로 요리된 음식이 만들어지는데. 열에너지는 요리의 맛, 향, 색, 모양 등을 변화시킬 수 있으며 열전달 방식에 따라 건식열 조리 방법(Dry Heat Cooking Method)과 습식열 조리 방법(Moist Heat Cooking Method), 복합열 조리 방법(Combination Heat Cooking Method)의 형태 세 가지로 구분한다.

1. 조리 시 열 전달 방법

식재료가 음식이 되는 과정 중 전기나 가스와 같은 어떤 형태의 열원의 에너지를 전달받아 그 열에너지가 식재료에 전달되는 방법으로는 전도(conduction), 대류(convection), 복사(radiation)의 방법이 있다.

① 복사(Radiation) : 가스레인지나 숫불과 같은 열원으로부터 중간 매체를 거치지 않고 열이 직접 전달되는 현상을 말한다. (예 : Grilling)

② 전도(Conduction) : 열이 구리, 스텐 등 물체를 따라 이동하여 그 물체가 뜨거워지는 상태를 전도라 한다. (예 : pan fry)

③ 대류(Convection) : 스팀기나 오븐 등 액체나 기체를 가열하면 물질이 상하로 이동하면서 열이 전해지는 것을 대류라 한다. (예 : Steaming)

2. 조리 방법의 형태

열원	조리 방법
건식열 조리 방법 (Dry Heat Cooking Method)	• 브로일링(Broiling) & 그릴링(Grilling) • 로스팅(Roasting) • 포트 로스팅(Pot Roasting) • 베이킹(Baking) • 소테(Sauteing) • 팬 후라잉(Pan Frying) • 딥 팻 후라잉(Deep Fat Frying)

습식열 조리 방법 (Moist Heat Cooking Method)	• 보일링(Boiling) • 시머링(Simmering) • 포칭(Poaching) • 블랜칭(Blanching) • 스티밍(Steaming)
복합열 조리 방법 (Combination Heat Cooking Method)	• 브레이징(Braising) • 쁘왈레(Poeler) • 그레이징(Glazing) • 스튜(Stewing)

3. 건식열 조리 방법(Dry Heat Cooking Method)

건식열 조리법은 요리하는 재료에 따라 그 재료에 맞게 직접 열을 가하거나 또는 간접적으로 불이나 연기를 가해 조리하는 방식이다.

1) 브로일링(Broilling)과 그릴링(Grilling)

아래에서 올라오는 복사열을 사용하는 것으로, 석쇠가 열원과 적절한 거리를 유지하면서 식재료의 바로 아래에 위치한 열원으로부터 에너지를 받아 조리하는 방식이다. 200~250℃ 정도 온도의 석쇠에 재료를 올려 굽거나 자국을 내며 재료의 육즙이나 발라둔 오일이 불로 떨어지면서 훈연이 베이므로 다른 요리법에 비해 풍미가 좋다. 직화조리법으로 Broiler와 하방가열(under heat) 방법이 있는가 하면, Salamander와 같은 상방가열(Over heat) 방법, Toaster와 같은 쌍방가열(Between heat) 방법이 있다.

2) 그리들(Griddle)

일명 철판구이를 의미하며 대판야끼를 많이 이용되는 전열기구이다. 온도는 조절 가능하고, 그릴보다 조리온도가 낮으며 육류나 생선, 야채, 달걀 등의 대량 조리에 사용된다. 비교적 적은 연기가 발생되어 실내에서 사용하기에 용이하며, 청소도 간편하다.

3) 로스팅(Roasting)

오븐을 이용하여 굽고자 하는 재료에 내부온도를 가하여 대류 형식의 뜨거운 열원을 돌게 하여 익히는 조리 방법이다. 고기는 브로일링, 그릴링으로 음식물의 색을 낸 후 오븐에서 익히는 것이 보편적이다. 낮은 온도에서 고기 특성에 맞게 장시간 구우면 육즙이 많고 육질이 부드러워진다.

① 라딩 : 지방이 적은 부위의 고기에 특수한 바늘을 사용하여 고기 속에 지방 조각을 집어 넣는 것을 말하며, 돼지 지방을 많이 사용하고, 그 지방은 고기 내부의 습기와 윤기를 더해준다.

② 바딩 : 고기 표면에 얇은 지방을 썰어서 겹쳐 굽는 방법이다. 고기를 구울 때 마르지 않도록 지방이 녹아서 고기 표면을 촉촉하게 해주는 장점이 있다.

4) 포트 로스팅(Pot Roasting)

뚜껑을 덮고 야채와 함께 육류, 가금류 등을 맛이 좋도록 굽는 방법이라 할 수 있다. 온도는 140~210℃의 오븐에서 조리하는 것이다. 로스팅 진행 중에 흘러나오는 육즙을 계속적으로 표면에 뿌려주면서 굽는다. 고기가 다익으면 고기는 건져내고 반조리된 재료에 와인과 브라운스톡을 첨가하여 소스를 만든다.

5) 베이킹(Baking)

170~240℃의 온도에서 몰드(Mould)를 사용하거나 시트팬에 기름을 칠하고 식재료를 놓고 굽는 방법이다. 보통 파테(Pate) 웰링톤(Wellington), 페스트리(Pastry), 디저트 등에 많이 사용한다. 조리 속도는 느리지만 음식물 표면에 전달되는 건조한 열은 그 표면을 바삭한 식감을 주어 맛을 높여준다.

6) 볶기(saute)

팬프라이 또는 소테라고도 한다.

소테는 강한 불에서 요리하고자 하는 재료를 단시간에 조리하는 것(영양손실을 줄인다)으로 볶기 시작하면 항상 타지 않게 주의해야 하고, 기름과 재료의 즙이 어우러져야 한다. 재료를 볶을 때는 익힘 정도나 두께에 따라 먼저 볶거나 나중에 볶아야 하는 순서가 정해지며, 식재료의 양에 따라서 알맞은 팬을 사용해야 한다. 팬을 보호하기 위해 나무주걱을 사용하는 것은 필수이고, 소테는 세 가지의 맛이 합쳐지는 것인데 팬의 기름 맛, 철판의 맛, 식품에서 나온 즙이 조화 있게 합쳐져야 한다.

✻ 기름 양에 따라 소테–팬 프라이–딥 팻 프라이로 구분한다.

✻ 기름을 이용한 조리 방법

기름(Oil)은 동, 식물의 조직으로부터 추출 및 정제하여 식용 가능케 한 유지를 말한다. 그러나 기름을 동결점 아래로 낮추면 고체화되어 지방(Fat)이 된다.

기능은 맛 상승효과, 에너지원, 장내에서의 유화작용, 지용성 비타민 운반체, 필수지방산 공급, 세포막의 주성분 등이다.

- 튀기기 : Shortening, Butter, Oil과 같은 지방 속에 담궈서 조리하는 방법으로 조리 속도가 매우 빠르다. 그 이유는 Oil의 열전도율은 공기의 열전도율의 약 6배이며 물의 전도율보다 높기 때문이다.
- 튀김온도 : 172~185℃가 적당하며 기름을 조리하지 않을 때에는 93℃ 정도에 맞추어 놓았다가 조리할 때 온도를 높인다.

이 방법에는 많은 양의 기름으로 튀기는 방법, 즉 튀김기를 이용한 Deep-fat frying과 Saute Pan을 이용한 Sauteing의 두 가지 방법이 있다.

7) 팬 프라이(Pan Frying)

팬 프라이는 소테와 동일하나 조리 시작 때의 표면온도는 낮은 170~200℃가 적합하며 조리시간도 길다. 팬의 직접적인 열보다는 기름의 열에 의해 조리되며 기름의 양은 소테나 소테 프라이보다 많다. 또한 대부분 밀가루나 빵가루를 입혀

팬에서 튀겨내기 때문에 겉은 파삭파삭하고 속은 부드럽게 하는 요리에 많이 사용된다.

8) 딥 팻 프라이(Deep-fat Frying)

딥 팻 프라이는 고온의 기름에서 식품이 잠겨 단시간 익히는 방법으로 기름을 이용하여 140~190℃(250℉~357℉) 정도 사이에서 유지를 해야 한다. 식품을 고온 기름 속에서 단시간 처리하므로 영양소나 열량이 증가되고 기름의 풍미가 첨가된다. 또한 수분, 단맛의 유출을 막고 기름을 흡수함으로써 풍미를 더해 주며 보기 좋은 노릇노릇한 표면색으로 풍미를 한층 더 올려준다. 주로 튀김은 육류, 생선류, 야채류, 가금류 등에 이용되며, 튀김재료를 기름에 조금씩 조절해 넣어야 하며, 너무 한꺼번에 많이 넣어서 온도가 내려가면 튀김 식재료에 기름이 흡수되어 맛과 색깔을 낼 수가 없다. 튀김은 화상의 위험이 많은 조리법이므로 튀길 때 내용물의 수분을 충분히 제거해야 한다.

4. 습식열 조리 방법(Moist Heat Cooking Method)

습식열 조리 방법은 뜨거운 수증기나 수분을 직접 식재료에 투여하여 음식물을 익게 하는 조리방법으로 대류와 전도의 원리를 이용한 조리방법이다.

1) 보일링(Boiling)

가장 대표적인 습열식 조리방법이다. 100℃ 이상에서 익히는 것이 이상적이며 재료에 따라서 낮게 익히는 요리법도 사용된다. 또한 많은 식재료를 액체 속에서 익히기 위한 방법으로 사용되며, 재료가 색이 변하지 않고 영양소의 손실을 줄이면서 속까지 완전히 익히길 원할 때 주로 사용하는 방법으로 삶아 으깨야 할 경우는 시간을 단축하기 위해 잘게 썰어 삶는 것이 조리시간을 단축시킬 수 있다. 채소나 면을 삶을 때 필히 소금을 첨가하는 것은 기본이라 하겠다.

2) 시머링(Simmering)

시머링은 음식을 완전히 담가 중간 온도에서 익히는 조리 방법의 기술이다. 맑은 육수를 만들 때 대표적으로 사용하는 조리법이므로 포칭할 때보다 깊은 팬을 사용한다. 온도는 약 85~96℃ 사이에서 비교적 높은 열을 유지하면서 가열하며 장시간 요리나, 저장하면서 사용되는 요리로 나가기 직전의 소스를 데우거나 수프를 태우지 않기 위해 저장 판매 시 사용되는 방법이다.

3) 포칭(Poaching)

재료를 66~85℃ 온도의 액체에서 소금, 식초, 와인, 허브 등을 넣어 시머링하여 음식을 조리하는 기술이다. 생선류는 65~80℃ 정도에서 양파, 와인, 레몬 등 꾸르부용을 이용하여 포칭하면 형태가 잘 흐트러지지 않는다. 가금류는 먼저 살짝 데친 과정을 거친 다음 화이트 스톡에 와인을 첨가해서 포칭할 수 있다. 주의할 온도가 80℃ 이상 상승하면 안되며 재료의 색감이나 질감이 안좋아진다.

4) 블렌칭(Blanching)

고기, 해물, 채소 등을 끓는 물에 순간적으로 데쳐 차가운 물이나 얼음 등으로 식히는 방법이다. 식품의 독소를 빼주고 조직을 연하게 해주며 잡내를 제거하는 데 이상적이다. 또한 블렌칭은 효소를 파괴시켜 색과 영양을 보존하기 위한 방법이며, 다른 요리 작업의 전처리 조리법으로 많이 이용된다.

5) 증기에 찌기(Steaming)

압력 쿠커를 이용하는 방법과 순수한 수증기로 이용하는 방법이 있다.

주로 콤비 steamer를 사용하고 열이 직접 닿지 않고 밀폐된 공간에서 수증기를 이용해서 익히는 조리 방법이다. 여기서 말하는 steamer는 steam, roast, steam & roast 방식을 다할 수 있다. 이는 짧은 시간 안에 많은 양의 재료를 동시에 조리할 수 있으며 물에 직접 삶는 것보다 영양 손실이 적다.

사용 온도는 200~250℃ 정도의 뜨거운 상태에서 조리가 이루어지도록 한다. 정상적인 압력의 스팀은 100℃이다. (예 : 달걀찜, 만두, 밥 등)

5. 복합열 조리 방법(Combination Heat Cooking Method)

주재료에 습식열(moist heat) 조리 방법과 건식열(dry heat) 조리 방법이 복합적으로 이루어지는 것이다. 주재료를 팬에 색을 낸 후 액체가 있는 조리과정을 거쳐 요리하는 법이다.

1) 브레이징(Braising)

조리 용기에 식재료를 넣고 열원 위에서 비교적 장시간 요리하는 복합식 조리의 대표적인 조리법이다. 보통 온도는 180~200℃ 정도이다. 덩어리 고기는 높은 온도에서 표면을 갈색으로 색깔을 낸 다음 영양소의 유출을 막고 조리하는 것이 좋다. 거기에 채소, 와인, 스톡 등을 넣고 서서히 조리한다. 요리 중 가끔씩 내용물을 저어준다. 내용물이 조리된 후에는 고기를 건져내고 서서히 끓일 때 생긴 육즙을 체로 거른 다음 버터를 넣고 소스를 만든다. 따라서 브레이징의 변형된 방법을 스튜라고 할 수 있다.

2) 그레이징(Glazing)

불어의 '글라세'란 얼음을 뜻하는 말로 얼음처럼 윤기 나게 하는 조리 방법이다. 버터, 설탕, 육수, 주스원액 등을 사용하여 낮은 불에서 서서히 조려 재료를 윤기 나게 하는 방법이다.

따라서 채소 그레이징할 때는 뚜껑을 덮고 150~200℃ 정도의 약한 불에서 서서히 삶아 건져서 물기를 제거하고, 설탕, 버터 등을 넣어서 맛과 광택이 나도록 한다. 육류의 그레이징은 기본적으로는 브레이징과 같으나 약한 불로 조리한다. 처음 와인으로 조리한 후에 다음 단계는 브라운스톡을 넣어서 은근하게 졸이면 맛, 색깔, 윤기가 나면서 완성되는 요리법이다.

3) 쁘왈레(Poeler)

팬의 뚜껑을 덮은 다음 오븐에서 익히는데 육류와 가금류의 조리법으로 고깃덩어리 아래에 향신료를 섞은 여러 가지 채소(Aromatic Garnish)를 깔고 요리하는 방법이다.

주로 육류나 가금류의 고깃덩어리를 조리할 때 사용하는 방법으로 이때 Oven의 온도는 140~160℃가 적당하다.

채소의 수분이 육류의 건조를 억제하고 향과 풍미를 더해주며 소스를 계속해서 고기에 뿌려주어 육질을 연하고 담백하게 익힌 다음 고깃덩어리만 꺼낸다. 채소와 육즙는 백포도주나 갈색소스를 첨가하여 걸러서 소스로 사용한다.

4) 스튜(Stewing)

스튜는 조림의 일종으로 작은 고깃덩어리를 높은 열로 표면에 색을 내어 와인이나 스톡을 넣어 은은히 조리하는 것이 특징이다. 스튜를 할 때는 소스를 충분히 넣어 재료가 잠길 정도로 하고 110~140℃에서 조리가 이루어지며 완전히 조리될 때까지 건조되는 일이 없도록 해야 한다. 브레이징이 큰 덩어리의 식재료를 조리하는 방법이라면 스튜는 고기를 작게 혹은 사각으로 썰어 조리하는 방식이다. 보통 브레이징보다는 조리시간이 짧은데 그 이유는 브레이징에 비하여 주재료의 크기가 작기 때문이다.

5) 그라탕(Grating)

오븐이나 사라만다의 직접열을 이용하여 음식 위에 소스나 치즈를 뿌려 표면을 색을 내주는 것으로 음식의 마무리 단계에 많이 이용된다. 이때 불의 온도는 250~300℃가 적당하며, 대개 내열성이 있는 자기 그릇을 많이 이용하는데, 단점으로는 여러 명의 음식을 만들어 내기가 부적합하다.

향신료

4-1 향신료의 개요(Summary of Spice)

향신료는 라틴어로 녹색 풀을 의미하여 Herba에서 파생되어 프랑스를 거쳐 영국에 건너가 허브 또는 아브라고 불린다. 요리에 색, 향, 맛을 내기 위해 사용하는 "식물의 종자, 과실, 꽃, 잎, 껍질 뿌리 등에서 얻은 식물의 일부로 특유의 향미를 가지고 식품의 향미를 북돋우거나, 아름다운 색을 나타내어 식욕을 증진시키거나, 소화기능을 조장하는 작용을 하는 것"이라고 정의되고 있다.

향신료는 갖 재배하여 생산한 프레시와 형태와 여러 날을 말려 건조된 형태를 사용하는데, Fresh와 Dried Ground는 요리 마지막에 사용하며, Whole Dried는 처음부터 사용하여 오래 요리함으로써 최대한 향을 내는 것이 요령이다.

향신료를 요리에 여러 가지를 넣는 것과 한 가지를 넣는 경우가 있으며 여러 가지 넣는 것은 특유의 향과 맛을 내기 위함이다.

✲ Spice : 방향성 식물의 줄기, 껍질, 뿌리, 씨앗 등 딱딱한 부분으로 비교적 향이 강하다.

✲ Herb : 꽃이나 잎 등 비교적 연한 부분이다.

4-2 향신료의 역사

중국에서는 기원전 5000년경부터 허브를 사용하였으며 이집트에서는 기원전 2800년경에, 그리고 바빌로니아에서는 기원전 2000년경에 허브를 사용하였다고 전해지며 향신료의 유래를 보면, 콜롬부스의 아메리카 내륙의 발견, 마르코폴로의 세계일주 등 향신료를 구하기 위하여 노력하였으며, 유럽인들이 향신료를 많이 사용하기 시작한 것은 로마가 이집트를 정복한 후부터이다.

이집트에서는 미라 무덤에서 발견된 파피루스에는 식물의 치료 효과에 대한 기록이 남아 있는데, 펜넬(fennel)이 시안액으로 눈에 좋다고 기록되어 있다. 또한 허브의 향을 이용하여 아픈 곳을 치료할 수 있다고 믿어 경애와 숭배의 대상으로 삼기도 하였다.

인도에서는 홀리바질(Holly basil)을 힌두교의 성스러운 허브라는 뜻으로 '툴라시(Tulasi)'라 하였으며, 지금도 '천국으로 가는 문을 연다.'고 믿어 죽은 사람의 가슴에 홀리바질잎을 곁에 두어 위로한다고 한다. 로마시대의 학자 디오스코리데스(Dioscorides)가 기원전 1세기에 저술한 약학, 의학, 식물학의 원전인 ≪약물지≫에는 600여 종의 허브가 적혀 있다.

의술의 아버지라고 불리는 히포크라테스는 그의 저서에 400여 종의 약초를 수록하였는데, 특히 타라곤(Tarragon)을 뱀과 미친개에 물렸을 때 사용하는 약초로 기록하였다.

중세에 들어와서 정향(Clove)과 Nutmeg의 두 종류가 중요한 향신료로서 등장하게 되는데 이는 몰러카제도의 특산물이기 때문에 위험을 무릅쓰고 멀리서부터 운반해야 했으며, 후추는 은과 같은 가격으로 화폐로서 통용되었을 때도 있을 정도였다.

향신료가 비싼 가격으로 거래된 이유는 첫째, 저장할 수 있는 냉장 시설이 없었기에 소금에 절인 저장육 또는 건조시킨 육포 정도가 주식이었기 때문에 향신료라도 사용하여 맛을 돋구지 않으면 먹기 어려웠다. 둘째, 병든 이들의 의약품으로 사용되었다. 의학이라 말하기 힘든 초기에는 모든 병이 악풍에 의해서 발생한다고 믿고 악풍이란 악취 즉 섞은 냄새로서, 이 냄새를 없애려면 향신료가 최고로 믿었으며 그 효과에 만족하였다. 또한 치커리(Chicory)를 학질(말라리아)이나 간장병을 고치는 약초로, 로즈메리를 산뜻하고 강한 향을 이용하여 악귀를 물리치는 신성한 힘을 가진 허브로 여겼다. 향신료의 매매는 1650년을 경계로 하여 차차 경쟁이 완화되어졌다. 이것은 미국 신대륙에서 계피, 정향, 넛맥의 세 가지 맛이 나는 ALL SPICE와 같은 새로운 향신료 등이 발견되었기 때문이다. 기호식품인 Coffee, Cocoa 등도 이때부터 먹기 시작하였다.

12세기경의 약제사이자 식물학자였던 허벌리스트(Herbalist)가 저술한 식물지 ≪허벌(Herbal)≫은 동양의 ≪본초강목≫과 같은 것으로 각종 약초가 그림으로 잘 나타나 있으며, 약효에 대해 상세히 기록하고 있다. 특히 허벌리스트 존 제라드가 1597년에 저술한 ≪식물의 이야기(The Herbal of General History of Plants)≫는 오늘날까지 허브의 역사를 전하는 귀중한 자료가 되고 있다. 현재에 와서는 향신료는 의학, 식품, 방향제 등 다양한 분야에서 사용되고 있으며 그 범위는 더욱 넓게 사용되는 추세이다.

4-3 향식료의 특성

1. 약용식물로 이용

약효 성분을 지니고 있는 향식료는 각종 질병에 치료 효과를 발휘 병든 이의 치료제로도 사용되고 병충해 방지용으로도 사용함.

✲병의 치료, 방충, 방부제로 사용

2. 향기식물로 이용

향신료는 각각이 다른 향미를 지니고 있어 다양한 제품을 만드는데 재료로 사용되고 있다. 또한 화분에서 직접 키워 방향식물로도 이용하기도 한다.

✲방향제, 향 가공품(비누, 치약, 향초 등)

3. 향신료 이용

방향성 자극제로 다양한 음식의 재료로 사용되며, 향미 증가, 식욕 촉진, 색소 성분의 착색 효과, 노화방지, 신진대사 촉진 등의 역할로 다양하게 사용하고 있다.

✲음식 첨가물, 착색제, 식욕증진

1) 향신료 사용법칙

① 잡내 제거 및 풍미 향상에 이용

② 요리의 맛을 변화시켜서는 안 된다. (천연의 맛을 내는데 사용)

③ 장시간 조리하는 것은 가루가 아닌 통째로, 짧은 시간 요리는 가루 사용이 원칙이다.

④ 향신료는 주머니에 넣어 사용하는 것이 이상적이다.

⑤ 재료의 특성에 맞는 향신료 사용(예 : 생선에는 딜, 육류에는 타임 등).

2) 향식료의 손질 및 보관법

① 허브는 신선한 잎을 사용하므로 바로 사용하는 것이 좋다.

② 방향성분이 휘발하므로 반드시 밀봉한 상태로 보관하여야 한다.

③ 신선한 잎을 사용할 때는 사용 전 물에 씻은 후 물기를 제거하여 사용한다.

④ 장기간 보관할 경우 공기의 접촉을 막기 위해 잘게 썰어 오일에 절여 보관 사용한다.

⑤ 신선한 허브 자체를 식초에 절여 사용하기도 한다.

3) 향신료의 작용

① 육류나 생선의 나쁜 냄새를 제거

② 시원하고 상쾌한 향기를 부여

③ 달고, 시고, 맵고, 쌉쌀한 맛을 첨가

④ 색소 성분에 의하여 착색작용

⑤ 산화방지와 방부효과 등 식품의 보존역할

⑥ 식욕을 자극하여 소화흡수를 돕고 신진대사에 기여

- 허브 : 바질, 타르곤, 타임, 월계수잎, 로즈메리, 세이지 등
- 자극성 향초 : 시나몬, 정향, 카레, 생강, 넛맥, 고추, 후추 등
- 산미가 있는 향초 : 레몬, 유자, 라임 등

4-4 향신료의 종류

 바질(Basil)	원산지는 동아시아, 중앙유럽이며 민트과에 속하는 1년생 식물로 높이 45cm까지 크고 엷은 신맛을 내며 달콤하면서도 강한 향이 있어서 뜯기만 해도 공기 중에 향이 퍼진다. 이탈리아와 프랑스 요리에 많이 사용되며 약효로는 두통, 진정, 살균, 불면증과 젖을 잘나오게 하는 효능이 있다. • 용도 : 주로 Soup, Spaghetti 및 각종 Sauce에 사용된다. Fish, Meat dish, Soup, Sauce, Salad, Tomato Product, Pickle, Fish galantine 등에 사용된다.
 월계수잎(Bay Leaf)	월계수는 잎의 길이는 5~10cm이고, 상록 관목나무로 지중해 연안과 남부 유럽 특히 이탈리아에서 많이 생산되며, 월계수잎은 생잎을 그대로 건조하여 향신료로 사용한다. 식욕을 중진시킬 뿐 아니라 풍미를 더하며 방부력도 뛰어나 소스, 소시지, 피클, 수프 등의 향미제로도 쓰이고, 신선한 잎은 약간 쓴맛이 있지만, 건조하면 단맛과 함께 향긋한 향이 나기 때문이다. 고대 그리스인이나 로마인들 사이에서 영광, 축전, 승리의 상징이기 때문에 저명한 학자나 운동선수들은 월계수관을 받았다. • 용도 : 절임, 소시지, 피클, 수프, 스톡, 소스, 육류, 가금류, 생선 등 요리에 많이 사용한다. 주로 장시간 끓이는 요리에 사용하며 지나친 향을 냄으로써 요리 자체의 맛을 저하 시키지 않도록 적당한 단계에서 건져내야 함.
 케이퍼(Caper)	지중해, 스페인, 이탈리아가 원산지인 식물로, 향신료로 이용하는 것은 꽃봉오리 부분이다. 꽃봉오리는 각진 달걀 모양으로 색깔은 올리브 그린색을 띠고 있다. 크기는 후추만한 것에서부터 강낭콩만한 것까지 다양하다. 향신료로는 주로 식초에 절인 것이 시판되고 있다. 시큼한 향과 약간 매운 맛을 지닌다. 품질은 Nonpareilles(작은 것), Surfines(중간 것), Capucines(큰 것) 등이 있다. • 용도 : Stew, Meat Pie, 소스나 드레싱 등에 사용한다.
 커러웨이씨드 (Caraway Seed)	원산지는 소아시아이며 유럽, 시베리아, 북페르시아, 히말라야에서 재배되고 있다. 이년생 초본식물로 많은 가지를 가지고 있다. 60cm 이상 자라며 작고 하얀 꽃을 피운다. 열매는 대략 0.3cm 길이로 되어 있고 익었을 때 회갈색을 띤다. 큐민(cumin)과 아니스(anise)와 같이 독특한 향이 있다. • 용도 : Rye bread, Sauerkraut, Beef stew, Soup, Candy, Liqueurs, Cheese, Potato, Cake 등에 사용된다.

처빌(Chervil)

한해살이풀로 미나리과에 속하며, 유럽과 서아시아가 원산지인 허브이다. 파슬리와 유사한 양치류 모양의 잎과 독특한 맛 때문에 인기가 있으며 '미식가의 파슬리'라고 불린다. 파종 후 약 한달 반 정도만 지나면 수확할 수가 있어서 유럽에서는 오래 전부터 '희망의 허브'라 하여 사순절에 제일 먼저 먹는 풍습이 있다.

프랑스에서는 파슬리보다 맛이 뛰어나다고 하여 생선이나 육류의 나쁜 냄새를 제거하기 위해 사용한다.

- **용도** : Fresh : Soup & Salad에 이용
- **Dry** : Soup, Sauce, Salad, Roast Lamb 등에 사용한다.

카이엔느 페퍼
(Cayenne Pepper)

북아메리카에 널리 자생하고 있는 허브의 일종이다. 옛날 맛없는 고기로 식사준비를 할 때 고기의 맛을 감추기 위해 요리에 넣었다고 한다. 프레시를 말려 분쇄하여 사용하며 고추와 비슷하나 고추보다 매운맛이 매우 강하다.

- **용도** : 육류, 생선, 가금류, 소스 등에 사용한다.

차이브(Chive)

백합목 백합과의 여러해살이풀 시베리아, 유럽, 일본 홋카이도 등이 원산지인 허브의 한 종류이다. 정원초로 부추와 같은 과이며, 뿌리는 구근같이 생겼고 잎은 순한 향을 가지고 20~30cm 길이로 매우 작으며 화분에 재배하기도 한다. 철분이 풍부하여 빈혈예방에 효과가 있고, 피를 맑게 하는 정혈작용도 한다.

- **용도** : 고기요리, Garnish, Salad, Soup, Fish Dish, Cream Cheese, Omelet에 사용한다.

계피(Cinnamon)

중국, 인도네시아, 인도차이나가 원산지이며 높이는 9m 정도이다.

계수나무의 얇은 나무껍질, 줄기 및 가지의 나무껍질을 벗기고 코르크층을 제거하여 말린 것이다. 우기 동안 채취하며, 얇은 것이 우수품종이다. 두꺼운 것을 한국에서는 육계(肉桂)라고 한다. 반관 모양 또는 관 모양으로 말린 어두운 갈색 또는 회갈색이다. 중추신경계의 흥분을 진정시켜주며 감기나 두통에 효과가 있으며 Cinnamon 기름은 향료나 약재로 쓰인다.

- **용도** : Pickle, 수정과, 카레, 고구마무스 등에 사용한다.

정향(Clove)

인도네시아가 원산지이며 월계수와 유사한 잎을 가지고 있다.

정향나무의 '꽃봉오리'를 말한다. 꽃이 피기 전의 꽃봉오리를 수집하여 말린 것을 정향 또는 정자(丁字)라고 한다. 꽃봉오리의 형태가 못처럼 생기고 향기가 있으므로 정향이라고 하며, 그 맛이 너무나도 얼얼하기 때문에 종종 치과의 마취제 역할도 한다.

- **용도** : Red Cabbage, Pickle, 돼지고기 요리와 과자류, 푸팅, 수프, 스튜에 이용한다.

 코리엔더(Coriander)	지중해 연안, 모로코, 남부프랑스, 동양 등이 원산지이다. 미나리과의 한해살이풀로 지중해 연안 여러 나라에서 자생하고 있다. 고수풀, 차이니스 파슬리라고 하기도 하고 코리엔더의 잎과 줄기만을 가리켜 실란트로(Silantro)라고 지칭하기도 한다. 잎과 씨앗이 향신채와 향신료로 두루 쓰인다. 중국, 베트남, 특히 태국음식에 많이 사용한다. • 용도 : 기루로 만든 Coriandre는 생강빵, Cake, Pastry와 Curry에 이용되며 씨앗은 절임을 하기도 한다. 샐러드, 국수양념, 육류, 생선, 가금류, 소스, 가니시 등에 사용한다.
 워터그라스 (Watercress)	원산지는 유럽이며 생김새는 우리나라 들에나는 냉이의 잎과 흡사하다. 특징은 물냉이 과의 다년생초본으로 네덜란드 갓냉이라고 한다. 잎은 크고 진한 녹색이며 줄기는 가늘고 냄새가 좋다. • 용도 : 철분이 풍부하여 날것으로 먹는 일이 많으며 매운맛의 향기가 식욕을 촉진시켜주므로 육류 요리의 곁들임으로 사용. Salad, Soup에 사용한다.
 딜(Dill)	지중해 연안이나, 서아시아, 인도, 이란 등지에서 자생하는 미나리과의 일년초로 신약성서에 나올 정도로 오랜 역사를 가진 허브이다. 딜은 기후만 적당하면 어디서든지 잘 자라는 생명력을 지니고 있으며 1m 이상 자란다. 캐러웨이와 형태나 맛이 비슷하며 씨나 가지의 다발로 사용할 수 있으며 딜은 어린이 소화, 위장 장애, 장 가스 해소, 변비 해소에 좋다. 딜이라는 이름은 옛 스칸디나비아의 딜라(dilla)에서 비롯된 것인데 '진정시킨다' 또는 '달랜다'라는 뜻을 가지고 있다. • 용도 : 정유는 비누향료, 생선요리, 가니시 등에 사용한다.
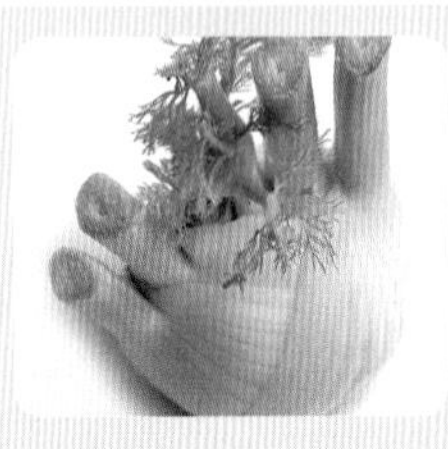 펜넬(Fennel Seed)	휀넬은 지중해 연안이 원산지이며, 중국명 회향을 말한다. 미나리과의 채소로서 종류가 다양하고 맛이 향기로움. 이것은 전체에 향이 있어 모든 부분이 이용되며 특히 뿌리 부분이 공처럼 비대해진 것이 있는데 이것은 날로 먹기도 한다. 맛과 냄새는 셀러리와 비슷하며 Anis 냄새가 나기도 한다. 씨는 달콤하고 상큼한 맛이다. 생선의 비린내, 육류의 느끼함과 누린내를 없애고 맛을 돋워 준다. • 용도 : 빵, 카레, 피클, 생선, 육류 요리에 사용한다.
 홀스레디시 (Horseradish)	겨자과(Creciferae)의 여러해살이풀로 관상용 식물의 한 종류인 다년생 초본식물로 중앙 유럽과 아시아가 원산지이다. 황갈색 뿌리는 대략 45cm이고 서양고추냉이, 와사비 무라고도 한다. 홀스래디시는 열을 가하면 그 향미가 사라져 버리기 때문에 생채로 갈아서 쓰거나 건조시켜 사용한다. • 용도 : Fresh는 강판에 갈아서 Sauce와 생선, 고기요리에 쓰이며 로스트 비프, 훈제연어 등에 사용한다.

레몬밤(Lemon Balm)

민트과의 풀로 지중해와 서아시아, 흑해연안, 중부 유럽 등지에서 자생한다. 줄기는 곧게 서고 가지는 사방으로 무성하게 퍼지는 자생력이 높으며, 레몬과 유사한 향이있어 달고 진하여 벌이 몰려든다 하여 '비밤'이라 하기도한다.

- **용도** : 오믈렛, 생선요리, 육류요리, 샐러드, 수프, 소스 등에 사용한다.

민트
(Mint / Peppermint)

유럽이 원산지 영국과 미국전역에서 재배한다.
형태는 특이한 향과 짧은 잎사귀, 꽃 등으로 구별, 작살모양의 잎사귀를 가지며 향이 있고 메탄올을 함유한다. 가장 인기 있는 종류로는 붉은 꽃술을 가지고 있는 English Spearmint이다.

- **용도** : Liqueur, Candy, 음료 등에 이용하며 양고기의 냄새를 제거하기 위해 사용한다.

오레가노(Oregano)

원산지는 멕시코, 이탈리아, 미국이며 멕시코 오레가노는 야생으로 자라기 때문에 멕시칸 세이지라고도 한다.
꽃이 피는 시기에 수확하여 사용하고 독특한 향과 맵고 쌉쌀한 맛은 토마토를 이용한 이탈리아 요리, 특히 피자에는 빼놓을 수 없는 향신료이다. 잎은 약간 곱슬곱슬하고 작으며 맛은 얼얼하고 약간은 마조람과 유사하다.

- **용도** : Pizza, Pasta 같은 이탈리아요리가 멕시코요리에 이용되며, Chili Powder의 원료이기도 하다. 소스, 육류, 생선, 가금류, 오믈렛 등에 사용한다.

파슬리(Parsley)

미나리과의 두해살이풀로 지중해 연안국들이 원산지인 작은 정원초로 밝은 녹색 식물이며 일년에도 몇 번씩 수확할 수 있다. curly pasley가 최상품이며 특이한 향을 가지고 있다. 건조시켜서 사용하는 경우엔 파슬리의 향을 많이 잃게 된다. 특이한 방향성분은 잎과 꽃술에 있는 휘발성 기름 아피올이 들어있어 독특한 향기가 난다. 포기 전체에 비타민 A와 C, 칼슘과 철분이 들어 있다.

- **용도** : 생선, 고기, 채소, 샐러드, 수프 등에 쓰이며 모든 요리의 가니시에 이용한다.

파프리카(Paprika)

스페인, 유고슬라비아, 헝가리 등이 원산지이며 원추형의 열매로 길이는 5~7.5cm이다. 파프리카는 맵지 않은 붉은 고추의 일종이며, 모든 요리의 야채 곁들임으로 손색이 없으며, 카이엔 페퍼보다 덜 맵고 맛이 좋으며, 생산지에 따라 모양과 색깔이 다른데, 헝가리산은 검붉은 색이고 스페인산은 맑은 붉은 색이다.

- **용도** : 육류, 생선, 소스, 수프, 샐러드와 음식의 색을 나타내는데 사용한다.

로즈메리
(Romarin-Rosemary)

지중해 연안이 원산지로 솔잎을 닮은 큰 잡목의 잎으로 다년생이며 4~5월에 엷은 자줏빛 꽃이 피며, 이 꽃에서 얻은 벌꿀은 프랑스의 특산품으로 최고의 꿀로 인정받고 있다. 이 잎을 말리거나 또는 가루로 만들어 사용한다. 맛은 향기롭고 달콤하다. 로즈마리는 수세기 동안 연인들에 대한 정절의 상징으로 사용되었으며 비누, 화장수, 화장품의 향료로도 많이 사용된다.

- 용도 : 고기, 가금요리와 샐러드에 향을 돋워 이용하며 Stew나 Soup, 소시지, 비스켓, 잼에 사용된다.

샤프론(Saffron)

아시아가 원산지이며 주산지는 스페인, 프랑스, 이탈리아의 지중해 연안국이다. 창포, 붓꽃과의 일종으로 암술을 말려서 사용. 강한 노란색, 독특한 향과 쓴맛, 단맛을 낸다. 1g을 얻기 위해서 500개의 암술을 말려야 하며, 세계에서 가장 비싼 향신료라 할만큼 비싸다. 사프란을 사용하는 목적은 맛보다는 색을 내기 위하여 많이 이용되어진다.

- 용도 : Rice Dish, Bouillabaisse, 소스, 수프, 쌀 요리, 감자요리, 빵에 이용한다.

세이지(Sage)

원산지는 유럽이고 미국과 영국에서도 재배되는 정원초로 90cm 정도 자란다. 세이지는 세계 전역에서 자라지만 choice sage는 유고슬라비아에서 재배된다. 꿀풀과의 여러해살이풀로 풍미가 강하고 약간 쌉쌀한 맛이 나며 로즈마리와 함께 강한 향신료 중의 하나로 간주된다. 예로부터 만병통치약으로 널리 알려져온 약용식물로 세이지는 "건강하다" 또는 "치료하다"라는 뜻에서 유래한 말이다.

- 용도 : 가금류 양념과 Sauce 및 송아지 고기 요리에 많이 사용되며, Cream soup, Consomme, Stew, Hamburger 등에 사용한다.

스타아니스(Star Anise)

원산지는 중국이고 생산지는 중국, 베트남 북부, 인도 남부, 인도차이나 등지이다. 중국 목련나무의 씨와 그 씨방이며 다년생 초본식물로 높이가 90cm까지 자란다. 적갈색으로 별 모양이고 중앙에 갈색의 편원형 종자가 1개씩 박혀 있다. 아네톨(Anetol)에 의한 달콤한 향미가 강하나 약간의 쓴맛과 떫은맛도 느껴지며, 돼지고기와 오리고기의 누린내를 없애준다. 중국 오향의 주원료이다.

- 용도 : 돼지고기, 오리고기, 소스 등에 사용한다.

타라곤(Tarragon)

시베리아가 원산지로서 쑥의 일종이다. 러시아와 몽고에서 재배되는 다년생 정원초의 일종이다. 프랑스에서 식용으로 말릴 경우 향이 줄어들기 때문에 신선한 상태로 사용하나 보관을 위해 잎을 그늘에서 말려 단단히 닫아 두었다가 필요할 때에 쓴다. 4~7월 중에 재배한 것을 식초에 담가 tarragon vinegar라고 하여 달팽이 요리에 사용한다.

- 용도 : Bearnaise Sauce, Tarragon Vinegar 소스나 샐러드, 수프, 생선요리 등을 만들 때 사용한다.

다임(Thyme)

'향기를 피운다'는 뜻이며, 지중해가 원산지이고 유고, 체코, 영국, 스페인, 미국 등에서 재배되며 둥글게 말린 잎과 불그스름한 라일락 색을 띤 입술 모양의 꽃이 핀다. 여러해살이풀로 융단처럼 땅에 가듯이 퍼지는 포복형과 높이 30cm 정도로 자라 포기가 곧게 서는 형으로 나눌 수 있다. 박하과의 작은 관목이 가진 잎과 부드러운 줄기로 꽃이 피기 직전에 따서 씻은 다음 건조시킨 후 통째로 혹은 분쇄한 형태로 이용할 수 있다.
강한 향기는 장기간 저장해도 손실되지 않으며, 향이 멀리까지 간다 하여 백리향이라고도 한다.

- 용도 : 육류, 가금류, Brown Sauce, Vegetable Soup, Tomato Salad, 가니시 등 광범위하게 사용한다.

1. 올 스파이스(All Spice)

피멘토(pinento), 피멘타(pimenta), 자메이카페퍼(jamaica pepper)로도 많이 알려져 있다.

올스파이스나무의 열매가 성숙하기 전에 건조시킨 향신료로 약간 매운 맛, 상쾌하고 달콤하면서 쌉쌀한 맛도 난다. 건조한 열매에서 후추, 시나몬, 넛멕, 정향을 섞어놓은 것 같은 향이 나기 때문에, 영국인 식물학자 존(John Ray)이 올스파이스라는 이름을 붙였다. 원산지는 서인도 제도이고 주산지는 멕시코, 자메이카, 아이티, 쿠바, 과테말라 등이다.

✲용도 : 소세지, 소스, 수프, 피클, 청어절임, 푸딩 등에 사용한다.

2. 카레(Curry)

원산지는 인도이며 Curry는 달콤하며 혼합이 잘되고 순한 향을 가지고 있는 밝은 노란색이다. Curry는 Turmeric, Coriander, Ginger, Fenugreek, Caraway, Paprika를 섞는 것이다. 카레는 맛을 내기 위하여 적당한 양씩 혼합한 12가지 이상의 양념으로 구성되어 있다. 커리의 배합은 인도의 여러 지역에 따라 다양하게 사용되며 맵기도 하고 좀 더 부드러운 맛을 내기도 한다.

✲용도 : Curry Rice, Chicken Curry, Curry Sauce, Sauce, Egg dish, Vegetable, Fish dish에 사용한다.

3. 쥬니퍼베리(Juniper Berry)

이탈리아, 체코, 루마니아가 원산지이며 상록관목인 주니퍼 나무의 열매로 암수가 딴 그루이다. 열매는 처음에는 녹색이지만 완전히 익으면 검어진다. 열매가 나오기 시작해서 두 번째 계절에 따기 시작하며 이탈리아에서는 그 열매를 손으로 딴것이 최상품이다. 쌉싸름하면서도 단내가 느껴지는데, 마치 송진에서 나는 향과도 비슷하다. 맛은 달지만 약간 얼얼한 느낌이 있다.

✲용도 : Sauer Kraut, 육류, 가금류의 절임, Cake 및 Liqueurs의 향을 돋워준다.

4. 레몬 그라스(Lemon Grass)

지중해 연안이 원산지로 지중해 동부 지방과 서아시아, 흑해 연안, 중부 유럽 등지에서 자생한다. 꿀풀과의 다년초로 초여름에 하얗고 작은 꽃이 핀다. 향료를 채취하기 위하여 열대지방에서 재배한다. 레몬향기가 나기 때문에 레몬 그라스라고 한다. 말려서 사용을 많이 하며 요리 후 건져낸다. 손가락으로 비벼 보면 레몬향이 난다. 이 향기의 주성분은 '시트랄'로서 정유의 70~80%나 함유되어 있다.

✲용도 : 수프, 생선, 가금류, 차, 캔디 등에 사용한다.

5. 메이스(Mace)

인도네시아와 서인도 제도에서 자생하고 있는 육두구 나무는 살구처럼 생긴 열매가 열린다. 씨를 둘러싸고 있는 그물 모양의 빨간 씨 껍질 부분을 말린 것이 메이스이다. 가종피라 불리는 육두구에 적황색을 입힌 것으로 높은 방향성을 가졌으며 바삭바삭하고 얇으며 적황색의 것이 좋다. 씨 껍질은 건조 정도에 따라 색이 빨간색에서 노란색, 갈색 순으로 점차 변한다.

✲용도 : Pickle, Bread, 육류, 생선, 햄, 치즈, 과자, 푸딩, 화장품 등에 사용한다.

6. 마조람(Majoram)

여러해살이풀이지만 추위에 약해 한국에서는 한해살이풀로 다룬다. 영국, 프랑스, 독일, 체코슬로바키아 등에서 재배되며 지중해 연안이 원산지이다. 박하과의 다년생 향료로 약 2m 높이까지 자라며 연한 장밋빛 꽃이 피면 잘라 건조시킨다. 건조시킨 잎과 봉오리는 달콤하고 박하와 같은 맛을 내는 데 사용된다. 대부분의 국가에 있어서 마조람은 명예와 행복의 상징이었다. 순하고 단맛을 가졌으며 오레가노와 비슷하다. 특히 양고기나 송아지 고기요리에 잘 맞는다.

✲**용도** : Snail, Roast rabbit, Ham, Sausage, Stew, 닭, 칠면조, 양고기 등에 사용한다.

7. 너트맥(Nutmeg)

원산지는 인도네시아의 Molucca 섬이고 육두구과의 열대 상록수로부터 얻을 수 있는 것으로 열매의 배아를 말린 것이 너트맥(nutmeg)이고 씨를 둘러싼 빨간 반종피를 건조하여 말린 것이 메이스이다. 높이 9~12cm인 열대상록수의 복숭아 비슷한 열매의 핵이나 씨를 사용하는데, 알맹이로 된 nutmeg은 grinder에 갈아 사용한다.

단맛과 약간의 쓴맛이 나며 17세기까지만 해도 유럽에서는 값이 매우 비싼 사치품이었다.

✲**용도** : 도넛, 푸딩, 소스, 육류, 칵테일에 사용

8. Oseille-Sorrel(승아)

원산지는 프랑스 밭이나 정원에서 재배했으며, 미나리과의 들풀종류로서 잎과 줄기는 특이한 신맛을 가지고 있으며. 날것으로 조리하는 법이 많다.

✲**용도** : Potage Germany에 사용되며 Poisson mousse, Sauce Vin Blanc에 넣어 생선에 주기도 한다.

9. 바닐라(Vanilla)

열대 아메리카가 원산지이며 마다가스카르(Madagascar)가 주요 생산국이다. 아메리카의 원주민들이 초콜릿의 향료로 사용하는 것을 본 콜럼버스가 유럽에 전했다고 한다. 성숙한 열매를 따서 발효시키면 바닐린(vanillin)이라는 독특한 향기가 나는 무색 결정체를 얻을 수 있다. 바닐라 콩을 끓는 물에 담가 서서히 건조 후 가공 이것들을 밀폐된 상자나 주석관에 포장한다.

✲ **용도** : 풍미크림과 디저트, 차가운 과일수프, 아이스크림, 초콜릿, 캔디, 푸딩, 케이크 및 음료에 사용한다.

10. 터메릭(Turmeric)

생강과 비슷하게 생겼으며, 강황이라 하며 동아시아, 인도, 아프리카, 호주에서 재배된다.

열대 아시아가 원산지인 여러해살이 식물로 뿌리 부분을 건조한 다음, 갈아 향신료 및 착색제로 사용한다. 장뇌와 같은 향기와 쓴맛이 나고 강한 풍미는 순하고 달콤하다. 동양의 사프란으로 알려져 있으며, 향과 색을 내는데 쓰이고 있다.

✲ **용도** : 카레가루와 겨자의 주재료로서 커리, 쌀요리에 사용한다. India에서는 노란 염색약으로 제조하여 사용하기도 한다.

4-5 Spice(조미료)의 종류

1. 검은 후추(Black Pepper)

동남아시아, 주로 말라바르 해협, 보르네오, 자바, 수마트라가 원산지이고, 페퍼를 니그름이라는 넝쿨에서 완전히 익기 전의 열매를 수확하여 햇볕에 말린 것이다. 후추는 결코 적도에서 남 · 북위 20도를 벗어난 지역에서는 자라지 않는다. 완전히 익었을 때에는 붉은색으로 변하는데, 이것으로 핑크 페퍼콘을 만든다. 일반적으로 검은 후추가 더 맵고 톡 쏘는 맛이 강하다.

✲ **용도** : 식육가공, 생선, 육류 등 폭넓게 쓰이는 향신료이다.

2. 캐러멜(Caramel)

설탕을 태워서 색을 낸 것으로 음식의 색을 낼 때 사용한다.

3. 시트론 Citron(Lemon)

감귤류의 일종이다.

시트르산이 많이 함유되어 있어 생선류에 사용하면 비린내가 제거되며 신선한 맛을 느끼게 하며 비타민 C의 효과가 크다. 즙은 Dressing이나 Sauce, 요리에 직접 첨가하여 사용한다.

4. 마늘(Garlic)

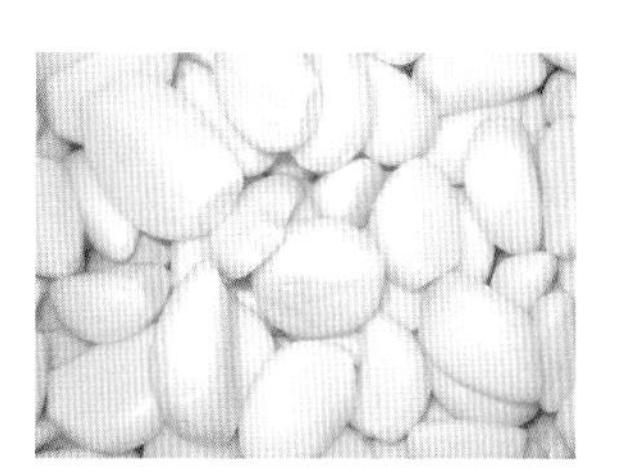

백합과의 다년초. 아시아 서부가 원산지로 비늘 줄기, 잎, 꽃자루에서는 특이하고 강한 냄새가 난다. 껍질이 하얀색을 띤 마늘을 하얀색 마늘이라고 하고 붉은색이면 붉은색 마늘이라고 한다. 따뜻한 기후에서 자란 마늘은 차가운 기후에서 자란 마늘과 다른데, 차가운 기후에서 자란 마늘의 맛이 더 강력하다. 한국 요리에 빠질 수 없는 중요한 향신료로 항암작용을 돕는다.

5. 생강 Gingembre(Ginger)

생강은 인간에게 알려진 가장 오래된 향료 중의 하나이다. 중국, 일본, 자메이카, 아프리카 등지에서 자라며 동남아시아가 원산지이고 채소로 재배한다. 뿌리줄기는 옆으로 자라고 다육질이며, 매운맛과 향긋한 냄새가 있다. 한방에서는 뿌리줄기 말린 것을 건강(乾薑)이라는 약재로도 사용한다. 생강은 갈대와 비슷한 잎을 가진 초본이며 그 뿌리를 사용하는데, 풍미가 얼얼하고 향기로우며 10개월 정도 키운 것이 제일 좋은 품질이다.

✲ **용도** : 돼지, 생선요리, 빵, 과자, 카레, 소스, 피클 등에 사용한다.

6. Glutamate

단백질에서 추출한 글루탄산의 나트륨염으로 음식의 맛을 향상시키는 조미료이다.

7. Huile(Oil)

식욕이 가능한 액상 또는 고체의 기름으로 요리시 필요한 풍미와 맛을 부여하며, 15℃에서 완전한 액체 상태이다. 참기름, 콩기름, 낙화생 기름, 올리브유, 포도씨유, 유채유 등의 식물성 기름과 고래기름, 돼지기름 등의 동물성 기름이 있다.

✲ 종류

- Huile de Salad(대두유)
- Huile d'olive(올리브유)
- Huile de Sesame(참기름)
- Huile de Noix(호두기름)

- Lard(돼지기름)
- Beurre(Butter)(버터)
- Tallow(소기름)

8. Moutarde(Mustard)

영국과 미국에서 자라는 겨자나무의 씨로 이것을 가공하여(겨자씨를 포함한 다른 향료와 식초를 넣어) 드레싱이나 육류요리에 많이 사용한다. 머스터드는 매운맛을 지니고 있으며 Dijon은 프랑스 중부지방에서 생산되는 검은색 겨자로서 주로 고급요리에 사용한다.

✲용도 : 소스, 샐러드, 마요네즈, 피클, 돼지고기에 많이 사용된다.

9. Oignon(Onion)

백합과 식물로 주요생산지는 네덜란드, 아일랜드, 미국, 이탈리아 등 전 세계에서 생산되며 요리 식재료에서 가장 많이 사용되는 재료 중 하나이다. 형태는 부추모양으로 생긴 구근식물로서 75mm 정도까지 자라며 빈 줄기와 백녹색의 꽃 뭉치를 가지고 있다. 양파는 비늘줄기를 식용으로 하는데 이것의 독특한 냄새는 이황화프로필, 황화알릴 등의 화합물 때문이다. 이것을 식용하기 위해 볶거나, 절여서 많이 이용되며 생리적으로 소화액 분비를 촉진하고, 흥분, 발안, 이뇨 등의 효과가 있다.

✲용도 : Salad와 Garnish에 이용하고 육수나 Sauce에 제일 많이 사용한다.

10. Pickling Spices

Pickling할 때 대표적 향신료로 한 가지가 아닌 여러 향신료를 배합한 것으로 Bay leaf, Cinnamon, Black Pepper, Colve, Coriander, Mustard Seed, Caraway Seed, All spice 등이 첨가되며, 사용 시 향신료 주머니를 이용하여 사용하면 편리하다.

11. Piment enrage(Chili)

열대 아메리카, 아프리카의 서인도제도 및 한국, 일본 등지에 재배되며, 열매는 빨간색과 오렌지색이고 다양한 크기와 모양을 가지고 있다. 햇볕에 말리며 Cayenne pepper는 건조시킨 열매로 가루를 만든다. Red Pepper는 강한 향을 낸다.

✲용도

- Tabasco Sauce와 Curry 가루의 필수재료이다.
- Pickle Marinate, Barbecue, Beans, Sauce 등에 사용한다.

12. Sel(Salt)

나트륨과 염소의 화합물로 짠맛이 나는 흰 빛깔의 결정체. 주성분은 염화나트륨이며 조미료와 식품을 보존하는 방부제 역할뿐 아니라 맛을 내는 기본이 된다.

✲종류

- 제염(Brine Salt) : 지하의 소금지층을 용해시켜 정제한 다음 수분을 증발시켜 얻는 것.
- 조리염(Kitchen Salt) : 바닷물에서 얻는 일반적인 소금으로 염화나트륨이라 부른다.
- 암염(Rock Salt) : 바닷물의 자연 증발에 의해 채취한 정제되지 않은 것

으로 거친 입자

- 초석염(Saltpeter) : 질산염으로서 화학적으로 고기에 빨간색을 착색시킬 수 있는 소금
- 해염(Sea Salt) : 거친 소금으로 풍미는 강하지만 잘 쓰이지 않음.

13. Sucre(Sugar)

탄소수소 및 산소로 구성된 유기화합물로서 맛이 달고 물에 잘 녹는 결정체이다. 사탕수수나 사탕무 따위를 원료로 하여 만들며, 요리의 감초 역할을 하며 모든 요리에 사용된다. 디저트에 가장 많이 사용된다.

✲종류

- Sucre en Poudre : 가루설탕(Sugar powder)
- Sucre Granule : 정제되지 않은 흑설탕
- Sucre Raffine : 정제된 백설탕
- Sucre File : 실사탕 & 솜사탕
- Sucre en Morceau : 각설탕

14. Verjus

불어로 익지 않은 포도의 즙으로서 신맛이 강하며 많이 사용하지는 않는다.

15. Vinaigre(Vinegar)

식초는 3~5%의 초산과 유기산 · 아미노산 · 당 · 알코올 · 에스테르 등이 함유된 산성 식품이다.

곡물이나 과실 따위에 의하여 변성된 알코올을 아세트산 발효시켜 만든 식초를 양조식초라 한다. 발사믹 식초는 흰 포도를 끓여 나무통에 넣어 10년 이상 발효시킨 것으로 그 맛과 향이 특별하며 가격이 비싸다. 효능은 비타민과 무기질 등 각종 영양소를 체내에 흡수를 도와주는 촉진제 역할을 한다.

✲종류

- 발효식초 : 희석알코올에 초산균을 작용시켜 자연적으로 얻는 것.
- 가향식초 : 허브, 스파이스 혹은 벌꿀을 첨가한 식초음료
- 레몬식초 : 식초와 레몬주스를 같은 양으로 섞어서 만든 것.
- 농축식초 : 순수한 화학가공 공정을 통해 여러 가지 다른 방법으로 제조
- 포도주식초 : 포도주를 산화시켜 얻는 식초

16. 흰 후추(White Pepper)

원산지는 보르네오, 자바, 수마트라 등 동남아시아이며, 실크로드를 통하여 중국으로 들어왔다. 성숙한 열매의 껍질을 벗겨서 건조시킨 것은 색깔이 백색이기 때문에 흰 후추라 한다.

흰 후추는 일반적으로 검은 후추보다 좀 더 세심하게 재배되므로 값이 더 비싸다. 적당히 먹으면 식욕을 돋우고 소화를 촉진시킨다. 가루로 또는 으깨서 사용한다.

✲용도 : 육류, 생선, 가름류 등 향신료 중 가장 광범위하게 사용한다.

특수채소

샐러드하면 채소를 빼놓을 수 없는 것으로 채소는 식용으로 재배되는 풀을 의미한다.

조리용으로 재배하는 작물로 주로 이용되는 부위에 따라 과채류(果菜類), 협채류(莢菜類), 근채류(根菜類), 경엽채류(莖葉菜類) 등이 있으며, 이 채소를 어떤 부위를 어떤 채소와 결합하여 양질의 샐러드를 만드는 것은 중요하며, 요리의 영양적 측면까지도 균형을 맞춰주는 역할도 하고 있는 것이 샐러드, 즉 채소인 것이다. 맛있는 샐러드를 만들기 위해서는 그 채소의 특성을 이해하고 이에 곁들여지는 채소의 조화도 고려한다면 좋은 샐러드를 만드는 것은 무리가 없다 하겠다.

5-1 특수채소의 종류

알파파싹
(Alfalfa Sprouting)

본래 중앙아시아의 목초로 유럽이 원산지로서 일본 명치 유신시대에 목축의 사료로 수입되다가 북해도에서 주로 생산되었는데, 인체에 있어 식물 중의 섬유질로 혈중 콜레스테롤 억제에 도움을 주며 삶을 때에는 약간의 풀 냄새가 나지만 무치거나 샐러드에 사용하면 씹을 때 느낌이 좋다. 우리나라의 작은 숙주나물처럼 생겼으며 처음 먹을 때는 약간 비린내가 난다. 겉피는 다 씻어낸 후 샐러드에 사용한다.

- 용도 : 무침, 샐러드와 요리의 곁들임으로 사용된다.

루콜라(Arugula)

십자화과(배추과) 식물로 잎과 꽃을 모두 식용하며, 약간 씁쓸하고 머스타드 같이 톡 쏘는 맛과 향긋하고 달콤한 열무향이 미식가를 매료시키며 후레쉬로 많이 사용되는 정통 이탈리아 채소이다. 치즈와 육류에 어울린다.

- 용도 : 샌드위치, 샐러드에 생으로 곁들여 사용한다.

아스파라거스
(Asparagus)

원산지는 지중해 동부 백합과 식물이다. 세계적으로 20여종이 있지만 그린색과 흰색을 많이 사용한다. 식용으로 하는 것은 새싹 부분이고, 유럽에서는 그리스 시대부터 이용되고 있는 오래된 식물이다. 아미노산의 일종인 아스파라긴이 많이 함유되어 있으며, 아스파라긴의 명칭은 아스파라거스에서 유래한 것이다.

- 용도 : 샐러드와 수프, 메인 가니시로 많이 사용되며 삶고 난 후 볶아 사용한다.

아보카도(Avocado)

녹나뭇과의 나무 멕시코, 과테말라 등지가 원산지이며 과육을 식용하기 위해 재배한다. 악어배라고도 하며 열매가 맺힐 확률은 1% 안팍이다. 구형 · 타원형 · 서양 배 모양이고 종자는 15~300g으로 크며 멕시코계는 열매가 작다. 지방, 단백질, 미네랄, 비타민 등이 풍부하고 특유의 향기로운 맛이 있다. 맛은 멕시코계가 제일 좋다. 생과는 20%의 기름을 함유하여 아보카도 기름의 원료가 된다. 아보카도 반개의 열량은 160kcal 밖에 되지 않지만, 심장마비를 예방하고 비타민 C와 B를 공급한다. 열대지방에서 잘 자란다.

- 용도 : 무스, 샐러드, 곁들임으로 이용된다.

죽순(Bamboo Shoot)

대나무과의 다년생 식물의 새싹으로 맹종죽(孟宗竹)은 대형으로 육질, 향기가 좋아 청과용과 통조림가공용으로 널리 쓰인다. 죽순껍질이 갈색인 것은 오래된 것으로 녹색을 선택하면 좋으며 땅에서 나오는 어린싹으로 우리나라, 일본, 중국 등지에 많이 분포되어 있다.

- 용도 : 무침, 볶음재료, 수프 재료 등에 사용한다.

비트(Beet Root)

원산지는 아프리카 북부와 유럽 지역 명아주과에 속하는 식물로 알려져 있다. 비트는 비교적 재배가 쉽고 식물체 전체를 식용할 수 있어 외국에서는 집에서 손쉽게 재배하는 인기 작물이다. 비트의 지상부는 어릴 땐 샐러드로 이용하고, 자라면 조리해서 먹는다. 녹색부위가 뿌리보다 더 영양분이 많으며, 비트의 빨간 색소는 베타시아닌이라고 하는 물질인데 이것을 추출하여 비트레드라는 식용색소로 이용하기도 한다. 뿌리는 독특한 색깔을 나타내면서 당분함량이 많고 비타민 A와 칼륨도 상당량 들어있다.

- **용도** : 샐러드로 이용하며 즙을 내거나 삶아서 사용한다.

벨지움 엔다이브
(Belgium Endive)

국화과의 엔다이브는 서양채소로 프랑스어가 그대로 영어로 된 것이며 인도, 유럽과 서아시아 및 미국 전역에서도 자란다.
배추 속처럼 생긴 것으로 치커리 뿌리에서 새로 돋아난 싹인데 브뤼셀 근처에서 생산되었다고 하여 지어진 이름이다. 쌉쌀한 맛으로 입맛을 돋우며, 치콘, 배추보다 영양가가 높다.

- **용도** : 샐러드, 가니시로 이용한다.

청경채(Bok Choy)

중국이 원산지로 겨자과에 속하는 중국배추의 일종이다. 작은 배추모양으로 잎줄기가 청색인 것을 청경채, 백색인 것을 백경채라고 부른다. 칼슘, 나트륨 등 각종 미네랄과 비타민 C나 A 효력을 가진 카로틴이 많다. 자주 먹으면 피부 미용에 좋고, 치아와 골격 발육에 좋다. 신진대사 기능을 촉진시키고, 세포조직을 튼튼하게 한다.

- **용도** : 데쳐서 곁들임이나 볶음에 사용하며 생식에 좋다.

브로콜리(Broccoli)

원산지는 이탈리아이며 잎, 줄기 등을 여러 가지 요리에 사용한다.
유채과 채소이다. 양배추와 같은 종에 속하여 양배추와의 교배에 의해 잡종을 얻었다. 꽃 부분을 먹는 화채류 채소 가운데 하나이다.
비타민 C가 풍부하며 철분, 칼슘도 많다. 주로 데쳐서 다시 버터에 볶아 먹는다. 식물성 기름과 함께 조리하면 노화방지에도 효과적이다.

- **용도** : 샐러드, 그라탕, 수프, 가니시 등에 사용한다.

브루셀 수프라우트
(Brussels Sprouts)

쌍떡잎식물 양귀비목 겨자과의 한해살이풀이며 방울양배추라고 한다.
양배추의 일종으로 이 채소는 줄기에 작은 덩어리가 빽빽하게 붙어 있는 모습이 마치 녹색 포도송이처럼 보인다. 자세히 보면 모두 하나같이 작은 양배추와 같은 완성된 모양으로 붙어 있다. 단백질, 비타민 A, 비타민 C를 다량 함유하고, 지름 2~4cm가 가장 좋은 상품으로 늦가을에 생산되는 것이 비교적 질이 좋다.

- **용도** : 샐러드와 끓는 물에 데친 후 버터에 소태하여 사용한다.

우엉(Burdock)

국화과에 속하는 두해살이풀이며 지중해 연안에서 서부아시아에 이르는 지역이 원산지인 귀화식물이다. 뿌리는 곧고 길며 살이 많고, 줄기는 50~150cm까지 자란다. 뿌리와 어린잎은 먹으며 씨는 '우방자(牛蒡子)'라 하여 약재로 쓰인다. 일본에서 많이 재배하며, 유럽, 시베리아 및 만주 등지에 야생한다. 뿌리에는 이눌린과 약간의 팔미트산이 들어 있다. 유럽에서는 이뇨세와 발한제로 쓰고 인후통과 독충(毒蟲)의 해독제로도 쓴다.

- 용도 : 조림, 구이, 볶음 등에 사용한다.

양배추(Cabbage)

겨자과에 속한 두해살이풀. 지중해 연안과 소아시아가 원산지이다. 잎은 두껍고 털이 없으며 분처럼 흰빛이 돌고 가장자리에 불규칙한 톱니가 있으며 주름이 있어 서로 겹쳐지고 고갱이가 뭉쳐 큰 공 모양을 이루고 있다. 양배추는 칼슘과 비타민이 많이 들어 있어 샐러드로 많이 이용되고, 유럽에서는 양배추 수프를 전통음식으로 즐기고 있다.

- 용도 : sauerkraut, 샐러드, 수프, 볶음야채 등에 사용된다.

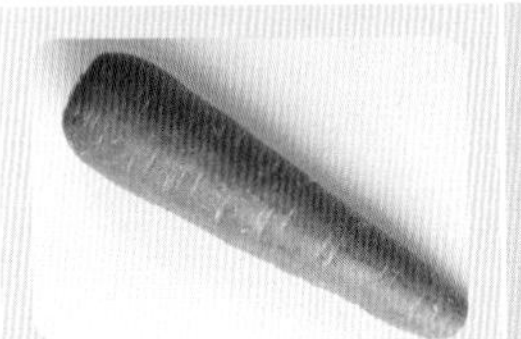

당근(Carrot)

미나리과에 속한 두해살이풀로 홍당무라고도 하며, 아프가니스탄이 원산지이다. 뿌리는 굵고 곧으며 황색 · 감색 · 붉은색을 띠며 뿌리부분을 채소로 식용하는데, 밭에서 재배되며 유럽, 북아프리카, 아시아 등에 분포한다. 비타민 A와 C가 풍부하며 한방에서는 뿌리를 학풍(鶴風)이라는 약재로 쓰는데, 이질 · 백일해 · 해수 · 복부팽만에 효과가 있고 구충제로도 사용한다.

- 용도 : 수프, 뜨거운 야채와 샐러드, 스튜 등에 다양하게 사용한다.

셀러리(Celery)

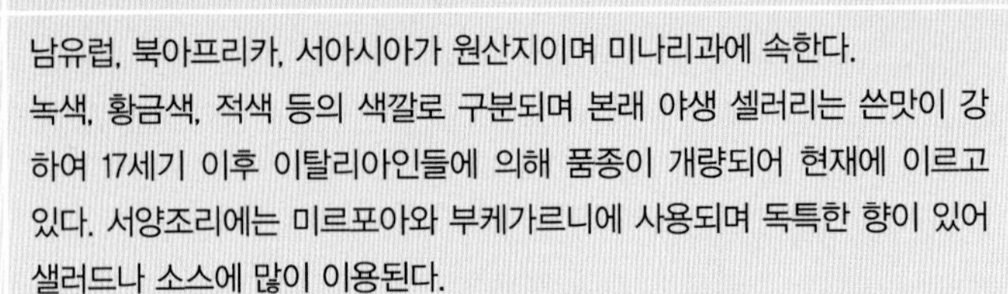

남유럽, 북아프리카, 서아시아가 원산지이며 미나리과에 속한다.
녹색, 황금색, 적색 등의 색깔로 구분되며 본래 야생 셀러리는 쓴맛이 강하여 17세기 이후 이탈리아인들에 의해 품종이 개량되어 현재에 이르고 있다. 서양조리에는 미르포아와 부케가르니에 사용되며 독특한 향이 있어 샐러드나 소스에 많이 이용된다.

- 용도 : 샐러드나 볶음, 스톡, 생선이나 육류의 부향제로 사용한다.

치커리(Chicory)

국화과 꽃상추로 북유럽이 원산지이다. 맛은 쓴맛이 강하게 나는 특징이 있다. 뿌리는 다육질이고 길며, 줄기는 높이가 50~150cm이고 단단하며 가지가 갈라지고 털이 있다. 잎은 식용하고 굵은 뿌리는 건조시켜 음료를 만드는 데 쓰인다.

- 용도 : 주로 샐러드로 사용

오이(Cucumber)

원산지는 인도의 북서부 히말라야 열매는 장과로 원추형이며 어릴 때는 가시 같은 돌기가 있고 녹색에서 짙은 황갈색으로 익는다. 오이는 중요한 식용작물의 하나이며 즙액은 뜨거운 물에 데었을 때 바르는 등 열을 식혀 주는 기능도 한다. 열매는 단단하고 독특한 향과 시원한 맛이 특징이다.

- 용도 : 생으로 샐러드에 쓰거나 절여서 피클로 사용한다.

닷사이 & 그린 비타민
(Datsai & Green Vit)

닷사이의 어린잎으로 각종 비타민이 풍부하고, 혈액순환 및 위를 튼튼하게 하는 효과가 있다. 모양이 콘사라다. 청경채 등과 비슷하다. 아시아가 원산지이며 잎을 사용하는 그린비타민이라고 불리는 이 채소는 마치 영양소와 같은 느낌을 준다.

- **용도** : 주로 샐러드로 사용

가지(Eggplant)

지중해지역과 인도가 원산지이며 가지과의 식물로, 열대에서 온대에 걸쳐 재배하고 있다. 검은빛이 도는 짙은 보라색이고 형태는 품종에 따라 다르다. 열매는 달걀 모양, 공 모양, 긴 모양 등 품종에 따라 다양하며 한국에서는 주로 긴 모양의 가지를 재배한다. 종종 오븐이나 석쇠에 굽거나 튀겨서 또는 삶아서 먹기도 한다.

- **용도** : 굽거나 볶음, 곁들임 채소로 사용한다.

콜라비(Kohlrabi)

양배추의 변종으로 품종은 아시아군과 서유럽군으로 분류되며, 양배추와 순무를 교배시킨 채소이다. 수분과 비타민 C의 함유량이 상추나 치커리 등의 야채보다 4~5배 정도 많다. 아이들의 골격강화에 좋고, 치아를 튼튼하게 하며, 즙은 위산과다증에 효과가 있고 웰빙식품으로 각광받고 있다.

- **용도** : 샐러드와 즙으로 이용한다.

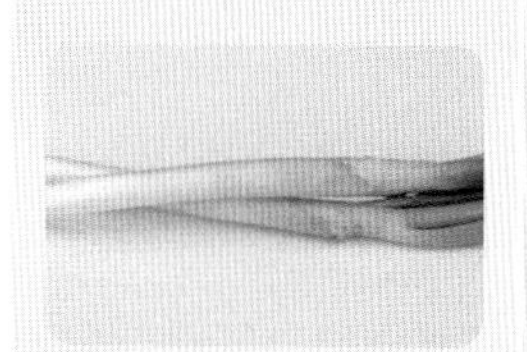

대파(Leek)

지중해 연안이 원산지이며 백합과 식물로 채소 또는 관상용으로 재배한다. 줄기는 파와 비슷해 굵고 연하며 희지만 길이가 짧다. 잎은 파보다 크지만 납작하고 높이 70cm 정도의 꽃줄기 끝에 백록색의 꽃이 피며 중간이 꺾여서 늘어진다. 잎은 너비 5cm 정도이고 길이는 꽃줄기의 길이와 비슷하게 자란다. 칼슘, 비타민 등이 많고 특이한 냄새와 맛이 있어 식용이나 약용 및 요리에 널리 쓰인다

- **용도** : 감자수프, 생선요리, 육류요리에도 사용한다.

양상추(Lettuce)

국화과에 속한 한해살이풀 또는 두해살이풀. 잎이 둥글고 넓으며 양배추처럼 결구성(結球性)이다. 상추를 개량한 것으로 사철 재배한다. 결구상추 또는 통상추라고도 한다. 품종은 크게 크리습 헤드(crisp head)류와 버터 헤드(butter head)류로 나뉜다. 크리습 헤드는 현재 가장 많이 재배되는 종류로 샐러드로 많이 이용되며 수분이 전체의 94~95%를 차지하고 그밖의 탄수화물, 조단백질, 조섬유, 비타민 C 등이 들어 있다. 양상추의 쓴맛은 락투세린(lactucerin)과 락투신(lactucin)이라는 알칼로이드 때문인데, 이것은 최면 · 진통효과가 있어 양상추를 많이 먹으면 졸음이 온다. 샐러드에서는 빠질 수 없는 필수 재료이다.

- **용도** : 샐러드로 많이 사용한다.

 롤라로사(Lolla Rossa)	지중해 연안, 유럽 등이 원산지이며 국화과 식물로 이탈리아어로 장미처럼 붉다는 뜻으로 색이 고운 이탈리아 상추이다. 다 자라면 뿌리 바로 끝에서 잘라야 영양가 손실이 적다. 롤라로사는 처음에는 엷은 녹색을 띠다가 날씨가 더워지면 끝이 붉은색으로 변하는데 성장속도가 매우 빠르고 그만큼 부드럽다. 맛이 순하여 다른 여러 가지 재료와 같이 섞어 사용하면 더욱 돋보인다. • 용도 : 샐러드로 사용한다.
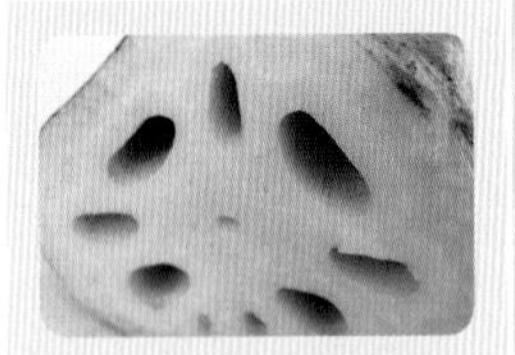 연근(Lotus Roo)	원산지는 인도와 이집트이며 중국이 주 생산지이다. 연의 땅속줄기 뿌리로 모양은 구멍이 많고, 주성분은 녹말이며, 정과(正果)나 조림 등에 주로 사용한다. 아삭아삭한 맛의 촉감이 특징이다. 백색이고 구멍의 크기가 고른 것이 좋다. 비타민과 미네랄의 함량이 비교적 높아 생채나 그밖의 요리에 많이 이용한다. 뿌리줄기와 열매는 약용으로 하고 부인병에 쓴다. • 용도 : 조림, 볶음이나 튀겨 사용한다.
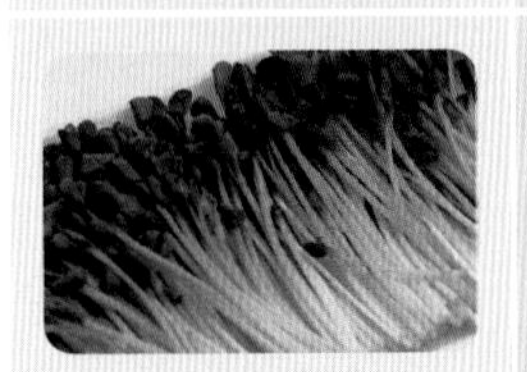 무순(Mustard Cress)	원산지는 유럽이고 잎, 줄기를 사용하며 보통 겨자와 결합해 자생한다고 한다. 씨를 뿌린 뒤 어느 정도 자라면 먹을 수 있고 일반 가정집에서도 솜에 씨를 뿌려 물을 채워 두면 금방 자라 쉽게 얻을 수 있다. 주로 생선에 많이 이용되고 샐러드나 모든 요리의 감초역할을 하며 육류요리에도 이용된다. 맛은 톡 쏘는 약간의 매운맛이 음식 맛을 더해준다. 사시미에 잘 어울린다. • 용도 : 육류,생선, 샐러드에 사용된다. 생으로 많이 사용
 양파(Onion)	백합과에 속한 여러해살이풀 식물로 서아시아 또는 지중해 연안이 원산지라고 추측하고 있다. 양파는 주로 비늘줄기를 식용으로 하는데, 비늘줄기에서 나는 독특한 냄새는 이황화프로필, 황화알릴 등의 화합물 때문이다. 이것은 생리적으로 소화액 분비를 촉진하고 흥분 · 발한 · 이뇨 등의 효과가 있다. 또한 비늘줄기에는 각종 비타민과 함께 칼슘 · 인산 등의 무기질이 들어 있어 혈액 중의 유해물질을 제거하는 작용이 있다. • 용도 : 샐러드, 수프, 고기요리와 향신료 등 모든 요리에 사용한다.
 라디치오(Radicchio)	이탈리아, 유럽 중부지방이 원산지이며 양상추의 일종으로 잎을 사용하고 씁쓸한 맛을 가졌지만 색이 곱고 샐러드에 잘 어울려서 많이 이용된다. 덩어리는 꽃봉오리로 아삭아삭하고 쌉쌀하며 매우 섬세한 맛을 지니고 있다. 칼로 자르는 것보다 손으로 뜯는 것이 더 산뜻하게 보인다. 가열하면 쓴맛이 강하여 생으로 섭취가 좋은며 소화를 촉진하고 혈관계를 강화시킨다. • 용도 : 주로 샐러드로 이용

래디시(radish, 20일 무)

쌍떡잎식물 양귀비목 겨자과의 한해살이 십자과에 속하는 채소이며. 중국, 일본, 인도 전역에서 경작한다 기원전부터 이집트에서 재배된 가장 오래된 채소이며, 파종 후 20일이면 수확한다고 해서 20일 무라고도 한다. 아삭아삭하며 단맛이 있고, 모양으로 나누면 둥근 것과 길쭉한 것이 있고, 색으로 나누면 분홍, 검정, 흰색, 자주색 등이 있다. 분홍색 래디시는 부드러운 잎까지 먹을 수 있다. 거의 생으로 즐겨 먹고 색이 진해 샐러드나 장식용으로 많이 사용된다.

- 용도 : 샐러드나 삶아서 볶아 요리한다.

적근대
(Red Rhubarb Chard)

명아주과(科)에 속한 두해살이풀. 유럽 남부가 원산지로 줄기는 곧고 키는 1~1.5m 정도이다. 가지가 많고 잎은 두껍고 연하며, 초여름에 황록색의 잔꽃이 핀다.

쌈과 샐러드에 주로 이용되지만 소금을 넣은 끓는 물에 살짝 데쳐서 찬물에 식혔다가 물기를 빼고 무친이나 국거리 등으로 먹기도 한다. 카로틴, 칼슘, 철을 풍부하게 함유한 홍록색 채소로 여성의 피부미용에 좋으며 지방의 축적을 방지하는 다이어트 채소이다. 당근, 양배추, 양파 등과 함께 자주 섭취하면 장암, 자궁암에 걸리는 비율이 낮다고 한다. 성장기 어린이의 유익한 영양성분이 많이 함유하고 있다.

- 용도 : 무침, 국거리,샐러드에 사용한다.

로메인(Romaine)

에게해 코스섬 지방이 원산이어서 코스상추라고도 한다.

로마시대 때 로마인들이 즐겨 먹던 상추라고 하여 붙여진 이름이다. 성질이 차고 쌉쌀한 맛이 있다. 부드럽고 납작하며 뾰족한 줄기를 지니고 있는 붉은색과 푸른색이 있는데 붉은색은 색상도 아름답다.

시저 샐러드의 대표적 채소이며 맛도 섬세하다.

- 용도 : 시저 샐러드 등 고급 샐러드에 사용한다.

샬롯(Shallot)

백합과 식물로 양파보다 맛과 향이 우수하여 유럽에서 많이 사용된다. 높이 45cm 내외이며 비늘줄기는 길이 3cm 정도이고 여러 개가 모여 달리며 양파껍질 같은 막질의 껍질로 둘러싸여 있다. 잎은 파의 잎처럼 속이 비어 있고 지름 5mm 정도이며 길이 15~30cm로 꽃대보다 짧다. 비늘줄기는 향신료로, 잎은 파처럼 식용으로 한다. 볶으면 특유의 향과 단맛이 강해지며 특히 프랑스 요리의 식재료에서 많이 사용하는 재료 중 하나이다.

- 용도 : 드레싱, 소스, 기본요리의 볶음 채소 등에 이용한다.

시금치(Spinach)

아시아 서남부가 원산지로 명아주과에 속한 한해살이풀이며 한국에는 조선 초기에 중국에서 전해진 것으로 보이며 흔히 채소로 가꾼다. 높이 약 50cm이며, 뿌리는 육질로 굵고 붉으며, 잎은 어긋나고 세모진 달걀모양이다. 여름에 암수딴그루로 작은 꽃들이 피고, 잎에 비타민이나 철분이 많이 들어 있어, 중요한 보건식품이다. 데쳐서 무쳐 먹거나 국으로 끓여 먹는다.

- 용도 : 수프나 국, 데치거나 볶아 곁들임 채소로 사용한다.

스트링 빈스
(String Beans)

유럽에 전해진 것은 크리스토퍼 콜롬부스에 의해 전해진 것으로 추정껍질이 있는 스트링 빈스는 다 자라지 않은 어린 꼬투리를 수확하므로 대개가 부드럽고 향이 좋다. 양고기와 어울리며 요리시 머스타드와 함께 요리하면 더 맛있는 스트링 빈스 요리를 맛볼 수 있다.

• 용도 : 샐러드나 데쳐서 버터에 소테하여 곁들임 야채로 사용한다.

토마토(Tomato)

원산지는 남아메리카 서부 고원지대 이다. 가지과의 한해살이 채소 식물이며 열매는 장과로서 6월부터 붉은빛으로 익는다. 열매는 90퍼센트가 수분이며 카로틴과 비타민 C를 함유하고 있어 널리 식용된다. 리코펜 외에도 강력한 항암물질을 함유하고 있다. 열매를 민간에서 고혈압, 야맹증, 당뇨 등에 약으로 쓴다. 이탈리아 요리의 대표적 채소이다.

• 용도 : 샐러드, 소스 등에 다양하게 사용한다.

트레비소(Treviso)

이탈리아 '트레비소' 지방의 독특한 채소이다. 자줏빛 잎과 긴 배추 속처럼 자라는 모양이 예뻐서 더욱 먹음직스럽다. 쓴맛 쌈채로, 포기진 것은 옆으로 놓고 썰어서 샐러드로 이용한다. 독특한 맛과 함께 씹히는 맛이 양배추보다 연해서 좋다. 각종 미네랄과 비타민이 들어 있어 소화촉진과 혈관계를 강화시켜주는 효과가 있다.

• 용도 : 샐러드나 에피타이저에 사용한다.

무(Turnip)

겨자과 속한 한해살이 혹은 두해살이풀 식물이며 재배 역사가 오래된 야채로, 그 발상지에 대해서는 여러 가지 설이 있으나, 일반적으로는 카프카스에서 팔레스타인 지대가 원산지로 추정된다. 봄에 백색이나 담자색 꽃이 핀다. 잎과 뿌리는 식용한다. 형태는 둥근 모양에서 막대 모양까지 품종에 따라 각각 다르다. 한국의 김치 재료로 중요하며 세는 단위는 접(100개)이다.

• 용도 : 피클, 절임, 조림 또는 스튜 등에 사용한다.

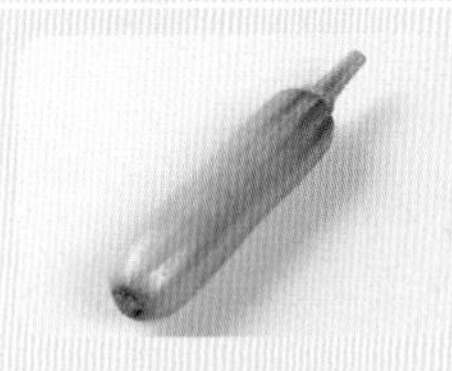

애호박
(Zucchini, Squash)

남아메리카가 원산지이며 박과의 식물로 폐포계 호박으로 빨리 자라고 작은 열매를 맺으며 덩굴이 뻗지 않는 변종을 미국에서는 스쿼시라고 한다 절성성(節成性)을 나타내는 페포계 호박이 애호박용으로 재배되었다. 돼지호박은 애호박보다 크고 통통하여 돼지호박이라 부른다.

• 용도 : 수프, 곁들임 야채, 굽거나 볶아서 사용한다.

1. 아티초크(Artichoke)

원산지는 프랑스로 엉겅퀴과 꽃식물로 여러 종류의 아티초크를 생산한다. 아티초크는 중세에 간장이나 위장의 기능을 높이는 약초로 소중하게 키워졌다. 국화과의 다년초이며 줄기가 1.5~2m까지 자라는 대형 허브이다. 봉오리를 싸고 있는 다육질 꽃받침이나 꽃심을 삶아 그대로 먹는다. 육질이 연하고 맛이 담백할 뿐 아니라 영양가도 풍부하며, 단백질, 비타민 A, C, 칼슘, 철, 인이 풍부하다. 꽃심의 부드러운 부분에 버터나 프렌치 드레싱소스로 맛을 내서 먹는다.

✲용도 : 파이, 무스, 빵, 샐러드, Main Garnish 등에 사용한다.

2. 교나(미스나, mizuna)

잎이 많이 갈라진 것으로 수분이 많다. 일본 교토에서 옛날부터 재배해온 절임용 채소인데, 비료 없이 물과 흙만으로 재배되기에 경수채란 이름이 붙여졌다. 아삭아삭 씹히는 맛이 좋아 쌈채로 이용된다. 고기냄새를 없애주는 효과가 있어 오리나 굴 요리에 주로 이용된다. 서양에서는 고래 고기 전골요리에 넣어 누린내를 제거한다. 칼슘, 칼륨, 인, 나트륨의 함량이 많고 비타민 A 효력이 있는 카로틴, 비타민 C도 함유되어 있어 여성의 피부미용과 다이어트에도 좋다.

✲용도 : 절임, 샐러드 등에 이용한다.

3. 도라지(Platy Codon)

초롱꽃과에 속한 여러해살이풀로 뿌리는 굵고 줄기는 곧게 자라며 높이는 40~100cm이고, 잎은 끝이 뾰족하며 어긋난다. 7~8월에 종 모양의 흰색 또는 연보랏빛이 도는 파란색의 꽃이 핀다. 뿌리는 원뿔 모양으로 자르면 흰색 즙액이 나온다. 뿌리줄기에는 사포닌(인삼, 더덕의 약효성분)이 들어 있는데, 달이거나 믹서기에 갈아서 꾸준히 복용하면 가래나 심한 기침에 상당한 효과가 있다. 최근에는 항암작용을 한다는 연구 보고가 있다.

✲용도 : 무침, 볶음, 생으로 먹거나 절임, 튀김 등에 사용한다.

4. 컬리플라워(Cauliflower)

지중해 연안이 원산지이며 겨자과의 식물로 꽃은 4월에 보라색이나 흰색에서 노란색으로 변하고 꽃자루에 두툼한 꽃이 빽빽이 달려 하나의 덩어리를 이룬다. 이 노란색의 꽃봉오리를 식용한다. 양배추보다 연하고 소화가 잘되어 온대지방에서 중요한 채소이다. 계절과 상관없이 연중 수확할 수 있다.

✲ 용도 : 샐러드나 수프, 데치거나 볶아 곁들임 채소로 사용한다.

5. 늙은 호박(Pumpkin)

남아메리카가 원산지이며 박과의 식물로 과실은 크고 익으면 황색이 된다. 열매를 식용하고 어린 순도 먹는다. 다량의 비타민 A를 함유하고 약간의 비타민 B 및 C를 함유하여 비타민원으로서 매우 중요하다. 미국이나 캐나다에서는 전통적으로 호박 파이를 추수감사절과 크리스마스 때 디저트로 먹는다. 푸딩과 수프를 만드는 데도 쓰인다.

✲ 용도 : 푸딩, 수프를 만드는 데 사용한다.

5-2 채소 관리 주의사항

1) 채소 보관 시 수분기가 없어야 한다. (신문지 이용)
2) 상처 있는 채소는 따로 분리하여 보관한다.
3) 보관할 때 밀봉하면 모양, 맛, 향이 오래 유지된다. (예 : 진공포장)
4) 양상추류 채소는 신문지나 종이에 싸서 보관하는 것이 좋다.
5) 음식을 만들때 채소는 미리 찬물에 넣어두어 최대한 신선하게 사용해야 한다. (단, 너무 오래 담그면 물을 먹어 안 좋다.)
6) 채소는 칼로 썰기보다는 소량씩 손으로 찢어 사용하는 것이 좋다.
7) 채소는 세척하여 보관하는 것보다 세척하지 않고 보관하는 것이 좋다.
8) 채소 보관 시 눌림이 없게 저장 공간을 넓게 쓴다.

계량 · 계측 (Measuring & Portioning Devices)

6-1 계량

제품을 생산함에 있어 제품의 기본 재료의 계량은 필수이며 이를 통하여 제품의 원가와 영양성분을 파악할 수 있으며 이는 기본 레시피 작성의 필수요소로서 꼭 이루어져야하며 계량 자체의 오류는 제품생산에 차질을 수반한다.

계량은 계량 기구를 이용하여 정확히 기록하고 이를 과학적 방법으로 조리함으로써 일정하고 획일화된 제품을 생산하게 된다.

양식에서 사용하는 분량 단위는 다음과 같이 사용한다.

1lb(pound/파운드) = 16oz(ounces/온스) = 453.59g
1oz = 28.35g
1kg = 2.2lb(pound) = 35.27oz
1gallon(갤런) = 4quarts(쿼트) = 4.546L(리터)
1quart(쿼트) = 2pints(파인트) = 1.14L
1pint = 2c(cups/컵) = 0.57L
1c = 16Tbsp(테이블 스푼)
1Tbsp = 3tsp(티 스푼)

6-2 계측(온도)

조리과정에서 알맞은 온도관리는 식품의 위생, 영양, 맛, 질감 등에 밀접한 관계를 갖고 있다. 완성된 식품을 보관하는데 온도와 시간의 관리는 매우 중요하며, 이때 알맞은 보관소선을 반들기 위해서도 정확한 온도측정이 이루어져야 한다.

분자가 움직이는 정도를 열의 세기라 하며 온도계에 의해 측정될 수 있다.

흔히 사용되는 온도는 Celsius(섭씨)와 Fahrenheit(화씨)가 있으며, 과학적으로 사용되는 절대온도 Kelvin이 있다.

섭씨는 물의 비점을 100℃로 하고 빙점을 0℃로 구분하여 그 사이를 100등분한 것이다.

화씨는 독일 물리학자인 파렌하이트가 창안한 온도계로 빙점을 32℉, 비점을 212℉로 하여 그 사이를 180등분한 것으로 미국이나 유럽에서 많이 사용하고 있다.

보통 많이 쓰이는 온도계는 수은온도계, 디지털온도계, 레이저온도계가 있다. 일반적으로 −10~200℃이나 튀김용 또는 디지털, 레이저 온도계는 300℃까지 측정할 수 있다.

서양에서는 화씨(℉)를 사용하여 우리나라에서는 섭씨(℃)를 사용하기 때문에 서양요리책이나 조리기구의 온도를 잘 확인해야 한다.

섭씨(℃ : Centigrade), 화씨(℉ : Fahrenheit)

✲ 섭씨와 화씨 온도의 환산식

℃ = 5/9(℉ − 32)

℃ = (℉ − 32) ÷ 1.8

℉ = 9/5 × ℃ + 32

℉ = (1.8 × ℃) + 32

6-3 계량 · 계측 기기 및 방법

1. 중량 재기

1) 아날로그 계량저울

✲용도 : 계량스푼이나 컵으로 측량 할 수 없는 것으로 이때는 계량저울을 사용 하는 것이 용의하며 예를 들어 고깃덩어리나 야채 등은 저울이 비교적 정확하다.

✲아날로그 저울의 사용법

- 저울을 평평한 곳에 반듯하게 놓는다.
- 바늘의 위치가 "0"에 있는지 확인한다.
- 저울접시의 중앙에 식품을 올려놓는다.
- 저울의 바늘이 정지되었을 때 숫자를 읽는다.
- 눈금을 읽을 때에는 저울과 같은 높이의 정면에서 읽는다.

2) 디지털 계량저울

✲용도 : 아날로그 계량저울에서 잴 수 없는 미세한 양을 얻고자 할 때 많이 이용되며 아날로그 계량저울과 용도는 같으나 보다 정확하게 측정할 수 있는 것이 장점이다.

✲디지털 저울의 사용법

- 저울에 식품을 담을 수 있는 그릇을 올려놓는다.
- 저울의 수치를 영점에 맞추어 "0"에 놓는다.
- 식품을 올려 무게를 잰다.

2. 부피 재기

1) 계량스푼

✲**용도** : 소량의 미세 분말이나 액체를 계량할 때 많이 사용되며 사용이 간단한 장점이 있다.

- 양념 및 조미료 등을 잴 때 자주 사용한다.

✲**종류** : 계량스푼의 크기는 1Tbs(15cc), 1tsp(5cc), 1half tsp(2.5cc)

✲**계량스푼 사용법**

- 1큰술/1작은술 : (액체재료) 스푼 가장자리에 넘치지 않은 정도까지 담는다. 이때 표면 장력에 의하여 약간 볼록하게 부풀어 오른 상태가 정확한 양이다.
- 1/2큰술 : (액체재료) 스푼 바닥에 오목하게 곡선이 되어 있으므로 스푼 높이의 양 2/3 정도이다. 1/2큰술 계량스푼은 따로 있는 경우도 있다.
- 1큰술/1작은술 : (가루재료) 가루 종류는 먼저 스푼에 가득 담은 후에 표면을 편편히 깎아 냈을 때의 양이 정확하다.

2) 계량컵

✲**용도** : 소량을 계량할 때 많이 사용하며 분말이나 액체를 계량할 때 사용된다. 재질은 파이랙스, 플라스틱, 스테인리스 등의 종류가 있다. 특히 액체를 잴 때는 눈금을 읽기 쉽도록 속이 비치는 투명한 것으로 사용하는 것이 좋다.

예 밀가루, 소금, 설탕 등 컵으로 잴 수 있는 재료

✲**사양** : 계량컵의 기본분량은 1컵이 240cc이고 종류에 따라 1컵, 2컵 등이다.

- 계량컵의 종류는 1컵, 1/2컵, 1/3컵, 1/4컵 등이 있다.

3) 계량컵 사용법 액체의 부피 재는 방법

- 유리재질의 계량컵을 이용한다.
- 액체는 액체와 같은 높이에서 계량컵의 눈금을 읽는다.
- 물엿, 기름, 꿀과 같이 점성이 높은 것은 구분된 계량컵을 사용한다.

4) 지방의 부피를 재는 방법

- 버터, 마가린, 쇼트닝 같은 식품은 구분된 계량컵을 사용한다.
- 실온에서 컵에 꼭꼭 눌러 담은 후 수평으로 깎아서 잰다.

5) 가루식품의 부피 재는 방법

- 가루재료는 체에 거른 후 담는다.
- 누르거나 흔들지 말고 담는다.
- 윗면이 수평이 되게 깎아서 잰다.

3. 시간 재기

✲용도 : 조리시간 측정하기

✲사양 : 아날로그 타이머, 디지털 타이머

✲사용방법

1) 타이머

- 필요한 조리시간을 맞추어 세팅
- 그 외 stop watch, 일반 초침 있는 시계가 있다.

4. 온도 재기

✲용도 : 일반적인 온도 재기(오븐구이, 튀김)

✲ **사양** : 일반적으로 0~300℃까지 가능

✲ **사용방법**

1) 아날로그온도계

온도계의 수은주 부위가 그릇의 바닥에 닿지 않게 용액의 중심에 놓는다. 눈의 높이를 온도계의 눈금위치에 맞추어 읽는다.

2) 레이저온도계

측정하고자 하는 식품 외관의 온도를 체크하여 표시된 눈금을 읽는다.

3) 디지털온도계

온도 감지 센서를 식품의 중심부에 찔러 넣어 정확한 내부 온도를 측정하는 것으로 고기를 구울 때 용이하다.

조리용어

7-1 조리용어 해설

- Abaisser(아베세) : 밀가루 반죽을 밀대로 펴는 것.
- A la~-after the style or Fashion : … 풍의, 식의
- A la broche-cooked on skewer : 쇠꼬챙이에 꿰어 만든 요리(꼬치 구이식)
- A la king-served in cream sauce : 육류, 가금류 등을 크림소스를 이용하여 요리를 만드는 것
- A la mode-in the style of : ~방법, ~형태
- A la vapeur-steamed : 찜 요리
- A l'huile d'olive-In Olive oil : 올리브 기름
- Ajouter(아주떼) : 더하다, 첨가하다
- Appareil(아빠래이) : 요리 시 편하게 하기 위해 준비하는 것.
- Arroser(아로제) : 주재료의 색을 낸 후 쿠킹 시 즙이나 기름을 표면에 끼얹어 마르지 않게 하는 것.

- Aspic(아스픽) : 육류나 생선류 등을 젤라틴으로 광택이 나고 마르지 않게 코팅하는 것.
- Assaisonnement(아세조느망) : 요리에 소금, 후추를 넣는 것.
- Assaisonner(아세조네) : 소금, 후추, 향신료를 넣어 요리의 풍미와 맛을 더해주는 것.
- Au gratin : 오븐에서 갈색으로 구운 요리
- Au jus-served with natural Juice or gravy : 고기를 구울 때 나오는 고유 육즙.
- Au lait-with milk : 우유를 곁들임
- Au naturel-plainly cooked : 양념하지 않은 본연의
- Barde(바르드) : 얇게 저민 돼지비계
- Barder(바르데) : 돼지비계나 지방으로 싸다. 로스팅 시 돼지비계로 싸서 조리 중에 마르는 것을 방지한다.
- Battre(바뜨르) : 때리다, 치다, 두드리다
- Beurrer(뵈래) : 소스와 수프를 뜨겁게 보관 시 표면이 마르지 않게 버터를 넣는 것.
- Beurre Fondue-melted butter : 버터가 약간 녹아 있는 상태
- Bien cuit-well-done(meat) : 고기가 완전히 익은 상태
- Blanchir-Blanched : 희게 하다
- Blanching(브랜칭) : 재료를 끓른 물에 살짝 데쳐 조리하는 방법
- Blanquette : 크림소스에 조린 고기 요리
- Boeuf-Beef : 소고기
- Bombe : 여러 종의 아이스크림으로 만든 디저트
- Bouilli-boiled : 삶은
- Braise-Braised : 열로 찐, 조린

- Bouquet-Garni(부케가르니) : 셀러리에 다임, 월계잎, 파슬리줄기를 넣고 실로 묶어 놓은 것.
- Braiser(브래제) : 육류, 가금류, 채소 등을 용기에 소스 넣고 천천히 오래 익히는 것.
- Brider(브리데) : 육류나 가금류 등 형태를 보존하기 위해 실과 바늘을 꿰매는 과정
- Brochette(브로세트) : 주재료를 쇠꼬챙이에 꿰어서 굽는 것.
- cafe noir-black coffee : 블랙커피
- canape : 빵조각 위에 여러 요리를 얹어 만든 오르되브르
- Canard-Duck : 오리
- Canneier(까느레) : 모양을 내기 위해 과일이나 야채의 표면에 칼집을 내는 것.
- Carte de jour-Daily menu : 오늘의 메뉴
- Chaud-froid(쇼프로와) : 파티에 사용되는 찬 요리 시 마요네즈에 젤라틴을 섞어 요리 위에 옷을 입혀 장식한 것.
- Chaud-Hot : 뜨거운 것.
- Chiqueter(시끄떼) : 파이생지나 과자를 만들 때 칼끝으로 구멍 내는 것.
- Chiffonnade : 잎 채소를 가는 실 모양으로 써는 것. (가니시나 샐러드에 사용)
- Ciseler(시즈레) : (생선 따위에) 골고루 익혀지도록 칼집을 넣다
- Citronner(시뜨로네) : 재료의 변색을 막기 위해 레몬즙에 담구거나 바르는 것.
- Clarifier(끄라리피에) : 맑게 만들어 내는 것. (콩소메, 정제버터 등)
- Clouter(그루떼) : 재료를 찔러 넣다. 양파에 크로브를 찔러 넣다
- Coller(고레) : 찬 요리 시 젤라틴으로 응고시키는 것.
- Compote-Fruit stewed in syrup : 과일의 설탕 조림
- Concasser(콩카세) : 토마토를 작은 다이스로 썰은 것.

- Consomme : 달걀 흰자로 정제한 맑은 소고기 수프
- Coucher(꾸쉐) : 여러 종의 무스를 주머니에 넣어서 짜내는 것.
- Court-bouillon(꾸르부이용) : 레몬, 백포도주, 향신료, 야채류 등을 넣어 만든 국물
- Crepe Suzette-Thin French pancake : 프랑스식 얇은 팬케이크
- Cuire(뀌이르) : 재료에 열을 가하다(삶다, 굽다, 찌다 등)
- Debrider(디브리데) : 주 재료(닭, 칠면조, 오리등)에 꿰맸던 실을 조리 후에 풀어내는 것.
- Decanter(데깡떼) : 마무리를 위해 익은 고기를 건져 놓다
- Deglacer(데그라세) : 고기를 구운 후에 바닥에 눌어붙어 있는 것을 포도주나 국물을 넣어 끓여 만든 육즙(소스를 만듬)
- Degorger(데고르제) : 야채에 소금을 뿌려 수분을 제거하는 것. 고기의 핏물을 제거하는 것
- Degraisser(데그레세) : 지방을 제거하다(콩소메의 기름, 고기지방)
- Delayer(데레이예) : (진한 소스에) 물, 우유, 와인 등 액체를 넣어 묽게 하다
- Demi-tesse-small cup of coffee : 작은 커피 컵
- Depouiler(데뿌이예) : 육수나 소스를 장시간 끓일 때 표면에 떠오르는 거품을 완전히 걷어 내는 것.
- Desosser(데조세) : (소, 닭, 돼지, 야조 등의) 살코기를 발라낸다
- Desseher(데세쉐) : 건조시키다, 말리다
- Dorer(도레) : 달걀 노른자를 솔로 발라서 오븐에 색을 내다
- Double boiling(더블 보일링) : 중탕으로 익히는 방법
- Dresser(드레서) : 접시에 요리를 담는다
- Du jour-of the day : 오늘의

- Ebarber(에바르베) : 생산의 지느러미를 떼는 것, 조개껍질이나 잡물을 제거하는 것.
- Ecailler(에까이예) : 생선의 비늘을 벗기는 것.
- Ecaler(에카레) : 삶은 달걀의 껍질을 벗기다
- Ecumer(에뀌메) : 거품을 걷어 낸다
- Effiler(에필레) : 아몬드, 피스타치오 등을 얇게 썰다
- Egoutter(에구떼) : 물기를 제거하다
- Embrochette-broiled and skewer : 꼬챙이에 구워 만든 요리
- Emonder(에몽데) : 끓는 물에 몇 초 담갔다가 건져 껍질을 벗기는 것. (토마토)
- En coquille-in the shell : 조개껍질 모양의 그릇
- En gelee-injelley : 젤리
- En papillote-baked in anoiled paper bag : 기름종이로 싸서 굽는 것.
- Enrober(양로베) : 싸다. 옷을 입히다(도우, 초콜릿, 젤라틴)
- Epice-spice : 양념
- Eponger(에뽕제) : 물기를 닦다. 흡수하다. 마른 행주로 닦아 수분을 제거
- Escaloper(에스까로떼) : 비스듬하게 얇게 썰다.
- Etuver(에뛰베) : 낮은 온도에서 장시간 찌거나 굽는 것.
- Evider(에비데) : 파내다, 도려내다, 과일이나 야채의 속을 파내다
- Exprimer(엑스쁘리메) : 짜내다(레몬, 오렌지의 즙)
- Farcir(파르시프) : 고기, 생선, 야채의 속에 채울 재료에 퓨레(puree) 등의 준비된 재료를 넣어 채우다
- Ficeler(피스레) : 끈으로 묶다. 로스트나 익힐 재료가 조리 중에 모양이 흐트러지지 않게 실로 묶는 것.
- Filet-a boneless loin cut of meat or fish : 뼈를 제거한 살고기, 생선살 부분

- Fiyetter(풰떼) : 치다, 때리다, 달걀 흰자 또는 생크림을 거품기로 강하게 치다
- Flamber(프랑베) : 태우다, 코냑과 리큐르를 넣어 불을 붙인다.
- Foncer(퐁세) : 바닥에 야채를 깔다. 용기 바닥이나 벽면에 파이의 생지를 깔다.
- Fond-bottom : 기초
- Fondre(퐁드르) : 녹이다, 용해하다
- Fondue de Formage-A melted cheese dish : 치즈에 버터 향료를 섞어 불에 녹여 빵에 발라먹는 알프스 요리
- Fournee-baked : 구운 것.
- Frappe-Iced drink : 잘게 부순 얼음
- Frapper(프라빼) : 술이나 생크림을 얼음물에 담가 빨리 차게 한다
- Fremir(프레미르) : 낮은 온도에서 끓이기
- Fricasse-braised meats or poultry : 소고기나 가금류의 고기조각을 많은 양의 소스에서 익히는 요리
- Froid-cold : 차가운
- Frotter(프로떼) : 문지르다, 비비다, 마늘을 용기에 문질러 마늘 향이 나게 하다
- Frying(프라이) : 기름에 넣어 튀김하는 법
- Fume-smoked : 훈제
- garni-garnished : 요리 시 야채를 곁들이는 것.
- Glacer(그라세) : 광택이 나게 하다, 설탕을 입히다
- Gratiner(그라디네) : 그라당하다. 소스나 치즈를 뿌린 후 오븐이나 Salamander에 구워 표면에 색깔을 내는 요리법
- Griller(그리에) : 직화 열로 석쇠에 굽다
- Habiller(아비예) : 생선의 비늘, 지느러미, 내장을 꺼내고 깨끗이 손질해 놓는 것.
- Hacher(아쉐) : (파슬리, 야채, 고기, 등을) 잘게 다지는 것.

- Hors d'oeuvre–Appetizer : 전채
- Incorporer(앵코르뽀레) : 합체(합병)하다, 합치다
- Jambon–Ham : 햄
- Jardiniere–mixed vegetable : 여러 가지를 섞은 채소
- Julienne–cut into thin strips : 야채를 실처럼 가늘고 길게 써는 것.
- Lait–milk : 우유
- Larder(라르데) : 지방분이 적거나 없는 고기에 바늘이나 꼬챙이를 사용해서 가늘고 길게 선 돼지비계를 찔러 넣는 것.
- Legynes–Hot vegetable : 더운 야채
- Lever(르베) : 일으키다, 발효시키다
- Lier(리에) : 묶다, 연결하다, 농도를 맞추다(종류 : 밀가루, 전분, 달걀 노른자, 동물의 피)
- Limoner(리모네) : 불순물을 제거하다, 더러운 것을 씻어내다
- Lustrer(뤼스뜨레) : 광택을 내다, 조리가 다 된 상태의 재료에 버터를 발라 표면에 윤을 낸다
- lyonnaise–with onions : 양파를 곁들인
- Macedoine–Mixture of vegetable of Fruit : 야채, 과일 혼합물
- Maitre d' Hotel–manager : 식당의 우두머리
- Marinade–marinate : 요리하기 전에 고기를 담가주는 소금물이나 저림 용액
- Manier(마니에) : 가공하다, 사용하다, 버터와 밀가루가 완전히 섞이게 손으로 이기다(수프나 소스의 농도를 맞추기 위한 재료)
- Mariner(마리네) : 절이다, (고기, 생선)을 향신료나 술로 잡내를 제거하고 맛 향상시키는 방법
- Masquer(마스께) : 가면을 씌우다, 숨기다(소스 등으로 음식을 덮는 것)

- Melba pain grille–Melba toast : 얇게 구운 빵
- Meuniere(무뉘에르) : 생선을 밀가루 묻혀 버터로 구워낸 것.
- Microwave Cooking(이크로웨이브 쿡킹) : 전자파를 이용하여 빠른 시간 내에 조리하는 방법
- Mijoter(미조떼) : 약한 불로 천천히 오래 끓이다
- Mirepoix(미르프와) : 소스나 스톡의 기본인 양파, 샐러리, 당근을 네모나게 썬 것,
- Monder(몽데) : 끓는 물에 수 초간 넣었다가 식혀 껍질을 벗기는 것.
- Mortifier(모르띠피에) : 연하게 하다(고기 등을 연하게 하기 위해 시원한 곳에 수일간 그대로 두는 것)
- Mouiller(무이예) : 적시다, 액체를 가하다(조리 중 물, 우유, 즙, 와인 등의 액체를 가하는 것)
- Mouler(무레) : 틀에 넣다, 틀에 넣고 준비하다
- Mouton–Agneau : 어린 양
- Napper(나빼) : 덮어주다(메인 요리에 소스를 덮어 주는 것)
- Oie–goose : 거위
- Oeuf–Egg : 달걀
- Pain–bread : 빵
- Paner(바네) : 묻히다, 입히다(빵가루를 입히다)
- Paner al'anglaise(빠네아랑그레즈) : 고기나 생선 등에 소금, 후추 첨가 후 밀가루, 달걀, 빵가루를 입히는 것.
- Parsemer(빠르서메) : 요리에 치즈와 빵가루를 뿌리다
- Passer(빠세) : 걸러지다, 여과하다(소스, 수프 등을 체나 시노와 소창을 사용하여 거르는 것)
- Pate(빠때)–pate : 틀에 빵 반죽을 깔고 갈아 만든 속을 넣어 오븐에 익힌 요리

- Peler(쁘레) : 껍질을 벗기다(생선, 과일 등의 껍질을 벗기다)
- Petits Fours–Small pastry : 작은 케이크
- Petrir(빼뜨리르) : 반죽하다(밀가루에 물을 넣어 반죽하다)
- Piler(삐레) : 찧다, 갈다(방망이로 재료를 잘게 부수다)
- Pincer(뺑세) : 꽉 동여 묶다, 표면을 단단하게 하다
- Piquer(삐꿰) : 찌르다, 찍다(생지를 굽기 전에 구멍을 내어 부풀어 오르는 것을 방지하는 것)
- Poacher(뽀쉐) : 끓기 직전에 액체에 삶아 익히는 것.
- Poeler(쁘와레) : (냄비에) 찌고 굽다. 냄비에 소스나 육수로 주재료를 천천히 익히는 조리법
- Pomme de Terre–Potato : 감자
- Poulet–chicken : 닭
- Presser(쁘레세) : 누르다, 짜다, (오렌지, 레몬 등의) 과즙을 짜다
- Puree–mashed : 각종 야채를 삶아 갈거나 으깨어 걸쭉하게 만드는 것.
- Rafraichir(라프레쉬르) : 냉각시키다, 흐르는 물에 빨리 식히다
- Raidir(레디르) : 표면을 단단하게 하다(모양을 그대로 유지시키기 위해)
- Reduire(레뒤이르) : 축소하다, (소스나 즙을 농축시키기 위해) 끓여서 졸이다
- Relever(러브베) : 높이다, 올리다(향을 진하게 해서 맛을 강하게 하는 것)
- Revenir(러브니르) : 재료를 볶아 표면을 두껍게 만들다
- Rissoler(리소레) : 센 불로 색깔을 내다, 뜨거운 기름으로 재료를 색깔이 나게 만들다
- Roti–Roast : 로스트(굽다)
- Rotir(로뜨르) : 로스트하다(재료를 통째로 구워 고정된 오븐에 그대로 굽는 것)
- Roux–a mixture of butter or Flour : 버터와 밀가루를 1 : 1로 혼합하여 볶은 것.

- Saisir(세지르) : 강한 불에 볶다, 재료의 표면을 단단하게 구워 색깔을 내다
- Salamander : 위에서 열이 공급되는 가열기구
- Saler(사레) : 소금을 넣다, 소금을 뿌리다
- Saupoudrer(소뿌드레) : 뿌리다, 치다
- Sauter(소떼) : 적은 기름에 볶다, 기름에 색깔을 내다
- Singer(생제) : 요리 시 농도를 맞추기 위해 중간에 밀가루 뿌리는 것.
- Stewing(스튜잉) : 소스가 많은 냄비에서 고기를 장시간 익히면서 끓이는 방법
- Sucrer(쉬끄레) : 설탕을 뿌리거나 설탕을 넣는 것.
- Suer(쉬에) : 즙이 나오게 하면서 은근히 볶는 것.
- Table d'Hote–Full course : 정식(코스의 요리)
- Tailler(따이예) : 일정한 규격으로 재료를 자르는 것.
- Tamiser(따미제) : 밀가루, 설탕 등 체를 사용하여 가루를 내리는 것.
- Tamponner(땅뽀네) : 마개로 덮다, 버터를 넣어 막을 형성시켜 막아 준다
- Tapisser(따삐세) : 넓히다(생지를 넓게 피는 것)
- Tasse–Cup : 컵
- Terrine–Earthen Ware crock : 항아리에 넣어서 보관한 고기
- Tomber(똥베) : 떨어지다, 볶는다
- Tomber a beurre(똥베아뵈르) : 약한 불에서 수분을 넣고 재료가 연해지게 버터로 볶는 것.
- Tourner(두르네) : 둥글게 자르다, 돌리다
- Tremper(트랑빼) : 담그다, (마른 버섯, 콩을) 물에 불리다.
- Trousser(트루세) : 고정시키다, 모양내다
- Vanner(바네) : 휘젓다(소스 표면에 막이 생기지 않도록 젓는 것)
- Vin–Wine : 포도주

- Veau–Veal : 송아지
- Vichyssoise : 차거운 감자 크림수프
- Vider(비데) : 내장을 제거하는 것. (생선, 닭 등)
- Vol au vent : 구운 페스트리 안에 요리를 채워 만든 파이
- Zester(제스떼) : (오렌지나 레몬) 껍질을 채 썰어 놓은 것.

PART 02

국가기술자격(양식) 실기시험문제

· 조식요리 · 전채요리 · 수프 · 생선 · 샐러드
· 소고기 · 돼지고기 · 닭고기 · 스톡
· 더운소스 · 찬소스 · 샌드위치 · 파스타

시험시간 20분

Cheese omelet
치즈오믈렛

지급재료목록

- 달걀 3개 • 치즈(가로, 세로 8cm 정도) 1장 • 버터(무염) 30g
- 식용유 20mL • 생크림(조리용) 20mL • 소금(정제염) 2g

요구사항

※ 주어진 재료를 사용하여 다음과 같이 치즈오믈렛을 만드시오.

가. 치즈는 사방 0.5cm 정도로 자르시오.
나. 치즈가 들어가 있는 것을 알 수 있도록 하고, 익지 않은 달걀이 흐르지 않도록 만드시오.
다. 나무젓가락과 팬을 이용하여 타원형으로 만드시오.

수험자 유의사항

1) 만드는 순서에 유의하며, 위생과 숙련된 기능평가를 위하여 조리작업 시 맛을 보지 않습니다.
2) 지정된 수험자지참준비물 이외의 조리기구나 재료를 시험장 내에 지참할 수 없습니다.
3) 지급재료는 시험 전 확인하여 이상이 있을 경우 시험위원으로부터 조치를 받고 시험 중에는 재료의 교환 및 추가지급은 하지 않습니다.
4) 요구사항의 규격은 "정도"의 의미를 포함하며, 지급된 재료의 크기에 따라 가감하여 채점합니다.
5) 위생상태 및 안전관리 사항을 준수합니다.
6) 다음 사항에 대해서는 채점대상에서 제외하니 특히 유의하시기 바랍니다.
   가) 기　권 – 수험자 본인이 시험 도중 시험에 대한 포기 의사를 표현하는 경우
   나) 실　격 – (1) 가스레인지 화구 2개 이상(2개 포함) 사용한 경우
   (2) 불을 사용하여 만든 조리작품이 작품특성에 벗어나는 정도로 타거나 익지 않은 경우
   (3) 시험 중 시설 · 장비(칼, 가스레인지 등) 사용 시 감독위원 및 타수험자의 시험 진행에 위협이 될 것으로 감독위원 전원이 합의하여 판단한 경우
   다) 미완성 – (1) 시험시간 내에 과제 두 가지를 제출하지 못한 경우
   (2) 문제의 요구사항대로 과제의 수량이 만들어지지 않은 경우
   라) 오　작 – (1) 구이를 찜으로 조리하는 등과 같이 완성품을 요구사항과 다르게 만든 경우
   (2) 해당과제의 지급재료 이외의 재료를 사용하거나 석쇠 등 요구사항의 조리도구를 사용하지 않은 경우
   마) 요구사항에 표시된 실격, 미완성, 오작에 해당하는 경우
7) 항목별 배점은 위생상태 및 안전관리 5점, 조리기술 30점, 작품의 평가 15점입니다.

만드는 법

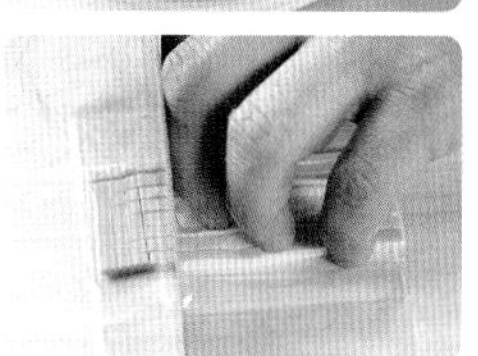

❶ 달걀은 껍질이 안들어가게 거품기로 잘 섞어 체에 걸러낸다.
❷ 치즈는 가로, 세로 일정한 크기(0.5cm×0.5cm)로 썰어 놓는다.
❸ 생크림과 체에 거른 달걀을 섞어놓는다.
❹ 식용유를 둘러 팬을 센 불에 코팅한 후 기름을 버린다.
❺ 팬이 식으면 중불에 버터를 넣고 녹자마자 ③을 넣어 젓가락으로 빠르게 저어 스크램블을 만든다.
❻ 스크램블을 후라이팬 맨 끝으로 몰아 가운데에 치즈를 넣어 손으로 팬을 두두리며 타원형으로 말아준다.
❼ 접시 중앙에 담아내어 제출한다.

- 팬의 코팅이 중요하다.
- 오므렛 면이 매끄러워야 한다.

시험시간 30분

Spanish omelet
스페니쉬 오믈렛

지급재료목록

- 토마토(중, 150g 정도) 1/4개 • 양파(중, 150g 정도) 1/6개
- 청피망(중, 75g 정도) 1/6개 • 양송이(1개) 10g
- 베이컨(길이 25~30cm) 1/2 조각 • 토마토케첩 20g
- 검은후춧가루 2g • 소금(정제염) 5g • 달걀 3개 • 식용유 20mL
- 버터(무염) 20g • 생크림(조리용) 20mL

요구사항

※주어진 재료를 사용하여 다음과 같이 스페니쉬오믈렛을 만드시오.

가. 토마토, 양파, 피망, 양송이, 베이컨은 0.5cm 정도의 크기로 썰어 오믈렛 소를 만드시오.
나. 소가 흘러나오지 않도록 하시오.
다. 소를 넣어 나무젓가락과 팬을 이용하여 타원형으로 만드시오.

수험자 유의사항

1) 만드는 순서에 유의하며, 위생과 숙련된 기능평가를 위하여 조리작업 시 맛을 보지 않습니다.
2) 지정된 수험자지참준비물 이외의 조리기구나 재료를 시험장 내에 지참할 수 없습니다.
3) 지급재료는 시험 전 확인하여 이상이 있을 경우 시험위원으로부터 조치를 받고 시험 중에는 재료의 교환 및 추가지급은 하지 않습니다.
4) 요구사항의 규격은 "정도"의 의미를 포함하며, 지급된 재료의 크기에 따라 가감하여 채점합니다.
5) 위생상태 및 안전관리 사항을 준수합니다.
6) 다음 사항에 대해서는 채점대상에서 제외하니 특히 유의하시기 바랍니다.
   가) 기　권 – 수험자 본인이 시험 도중 시험에 대한 포기 의사를 표현하는 경우
   나) 실　격 – (1) 가스레인지 화구 2개 이상(2개 포함) 사용한 경우
   (2) 불을 사용하여 만든 조리작품이 작품특성에 벗어나는 정도로 타거나 익지 않은 경우
   (3) 시험 중 시설 · 장비(칼, 가스레인지 등) 사용 시 감독위원 및 타수험자의 시험 진행에 위협이 될 것으로 감독위원 전원이 합의하여 판단한 경우
   다) 미완성 – (1) 시험시간 내에 과제 두 가지를 제출하지 못한 경우
   (2) 문제의 요구사항대로 과제의 수량이 만들어지지 않은 경우
   라) 오　작 – (1) 구이를 찜으로 조리하는 등과 같이 완성품을 요구사항과 다르게 만든 경우
   (2) 해당과제의 지급재료 이외의 재료를 사용하거나 석쇠 등 요구사항의 조리도구를 사용하지 않은 경우
   마) 요구사항에 표시된 실격, 미완성, 오작에 해당하는 경우
7) 항목별 배점은 위생상태 및 안전관리 5점, 조리기술 30점, 작품의 평가 15점입니다.

만드는 법

❶ 달걀은 껍질이 안들어가게 거품기로 잘 섞어 체에 걸러낸다.
❷ 양파, 피망, 베이컨, 양송이는 0.5cm로 자른다.
❸ 토마토는 10초 데친 후 껍질과 씨를 제거 후 0.5cm로 자른다.
❹ 생크림과 체에 거른 달걀을 섞어놓는다.
❺ 팬을 달구어 베이컨을 볶은 후 기름이 나오면 양파, 피망, 양송이를 볶은 후 토마토와 토마토케첩을 넣어 살짝 볶은 후 소금, 후추 한다.
❻ 식용유를 둘러 팬을 센 불에 코팅한 후 기름을 버린다.
❼ 팬이 식으면 중불에 버터를 넣고 녹자마자 ④를 넣어 젓가락으로 빠르게 저어 스크램블을 만든다.
❽ 스크램블을 후라이팬 맨 끝으로 몰아 가운데에 ⑤를 넣어 손으로 팬을 두두리며 타원형으로 말아준다.
❾ 접시 중앙에 담아내어 제출한다.

- 스크램블을 만들 때 빠르게 저어준다. (표면이 매끄러움)
- 속 재료를 적당히 넣어 새어나오지 않게 한다.

시험시간 30분

Shrimp canape
쉬림프카나페

지급재료목록

- 새우(30~40g) 4마리 • 식빵(샌드위치용, 제조일로부터 하루 경과한 것) 1조각 • 달걀 1개 • 파슬리(잎, 줄기 포함) 1줄기
- 버터(무염) 30g • 토마토케첩 10g • 소금(정제염) 5g
- 흰후춧가루 2g • 레몬(길이(장축)로 등분) 1/8개 • 이쑤시개 1개
- 당근(둥근 모양이 유지되게 등분) 15g • 셀러리 15g
- 양파(중, 150g 정도) 1/8개

요구사항

※주어진 재료를 사용하여 다음과 같이 쉬림프카나페를 만드시오.

가. 새우는 내장을 제거한 후 미르포아(Mirepoix)를 넣고 삶아서 껍질을 제거하시오.
나. 달걀은 완숙으로 삶아 사용하시오.
다. 식빵은 직경 4cm 정도의 원형으로 하고, 쉬림프카나페는 4개 제출하시오.

수험자 유의사항

1) 만드는 순서에 유의하며, 위생과 숙련된 기능평가를 위하여 조리작업 시 맛을 보지 않습니다.
2) 지정된 수험자지참준비물 이외의 조리기구나 재료를 시험장 내에 지참할 수 없습니다.
3) 지급재료는 시험 전 확인하여 이상이 있을 경우 시험위원으로부터 조치를 받고 시험 중에는 재료의 교환 및 추가지급은 하지 않습니다.
4) 요구사항의 규격은 "정도"의 의미를 포함하며, 지급된 재료의 크기에 따라 가감하여 채점합니다.
5) 위생상태 및 안전관리 사항을 준수합니다.
6) 다음 사항에 대해서는 채점대상에서 제외하니 특히 유의하시기 바랍니다.
   가) 기 권 – 수험자 본인이 시험 도중 시험에 대한 포기 의사를 표현하는 경우
   나) 실 격 – (1) 가스레인지 화구 2개 이상(2개 포함) 사용한 경우
   (2) 불을 사용하여 만든 조리작품이 작품특성에 벗어나는 정도로 타거나 익지 않은 경우
   (3) 시험 중 시설 · 장비(칼, 가스레인지 등) 사용 시 감독위원 및 타수험자의 시험 진행에 위협이 될 것으로 감독위원 전원이 합의하여 판단한 경우
   다) 미완성 – (1) 시험시간 내에 과제 두 가지를 제출하지 못한 경우
   (2) 문제의 요구사항대로 과제의 수량이 만들어지지 않은 경우
   라) 오 작 – (1) 구이를 찜으로 조리하는 등과 같이 완성품을 요구사항과 다르게 만든 경우
   (2) 해당과제의 지급재료 이외의 재료를 사용하거나 석쇠 등 요구사항의 조리도구를 사용하지 않은 경우
   마) 요구사항에 표시된 실격, 미완성, 오작에 해당하는 경우
7) 항목별 배점은 위생상태 및 안전관리 5점, 조리기술 30점, 작품의 평가 15점입니다.

만드는 법

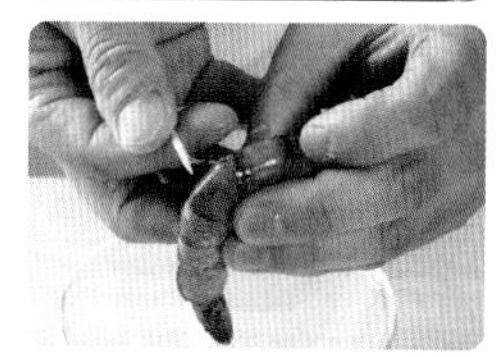

❶ 끓는 소금물에 달걀을 굴리며 12분 완숙으로 삶아 찬물에 식힌다.
❷ 잎이 싱싱하게 파슬리는 물에 담구어 놓는다.
❸ 새우는 이쑤시개를 이용하여 내장을 제거한다.
❹ 물에 미루포아(당근, 셀러리, 양파)와 레몬, 소금, 후추 후 끓으면 새우를 삶아서 찬물에 식힌다.
❺ 식빵은 4등분하여 4cm 정도의 원형으로 모양을 내어 팬에 구워 낸다.
❻ 달걀은 달걀 커터기에 슬라이스하고 새우는 머리와 껍질제거 후 등에 칼집을 넣어 동그랗게 펴 놓는다.
❼ 구운 식빵에 버터를 바르고 달걀, 새우를 올려 중앙에 케첩과 파슬리 잎을 장식한다.

• 새우는 껍질 채 삶아야 맛과 향이 진하고 담백하며 오래 삶지 않는다.
• 식빵은 딱딱하거나 타지 않게 잘 구워 낸다.

시험시간 30분

Tuna Tartar with Salad Bouquet and Vegetable Vinaigrette

샐러드 부케를 곁들인 참치타르타르와 채소 비네그레트

지급재료목록

- 붉은색 참치살(냉동 지급) 80g • 양파(중, 150g 정도) 1/8개 • 그린올리브 2개
- 케이퍼 5개 • 올리브오일 25mL • 레몬(길이(장축)로 등분) 1/4개 • 핫 소스 5mL
- 처빌(fresh) 2줄기 • 꽃소금 5g • 흰후춧가루 3g • 차이브(fresh)(실파로 대체 가능) 5줄기
- 롤라로사(lollo rossa)(잎상추로 대체 가능) 2잎 • 그린치커리(fresh) 2줄기
- 붉은색 파프리카(150g 정도, 5~6cm 정도 길이) 1/4개 • 딜(fresh) 3줄기
- 노란색 파프리카(150g 정도, 5~6cm 정도 길이) 1/8개 • 식초 10mL
- 오이(가늘고 곧은 것, 20cm 정도)(길이로) 1/10개 • 파슬리(잎, 줄기 포함) 1줄기

*지참준비물 추가(테이블스푼 : 퀜넬용, 머릿부분 가로 6cm, 세로(폭) 3.5~4cm 정도) 2개

요구사항

※주어진 재료를 사용하여 다음과 같이 샐러드 부케를 곁들인 참치타르타르와 채소 비네그레트를 만드시오.

가. 참치는 꽃소금을 사용하여 해동하고, 3~4mm 정도의 작은 주사위 모양으로 썰어 양파, 그린올리브, 케이퍼, 처빌 등을 이용하여 타르타르를 만드시오.

나. 채소를 이용하여 샐러드부케를 만드시오.

다. 참치타르타르는 테이블 스푼 2개를 사용하여 퀜넬(quenelle)형태로 3개를 만드시오.

라. 비네그레트는 양파, 붉은색과 노란색의 파프리카, 오이를 가로, 세로 2mm 정도의 작은 주사위 모양으로 썰어서 사용하고 파슬리와 딜은 다져서 사용하시오.

수험자 유의사항

1) 만드는 순서에 유의하며, 위생과 숙련된 기능평가를 위하여 조리작업 시 맛을 보지 않습니다.
2) 지정된 수험자지참준비물 이외의 조리기구나 재료를 시험장 내에 지참할 수 없습니다.
3) 지급재료는 시험 전 확인하여 이상이 있을 경우 시험위원으로부터 조치를 받고 시험 중에는 재료의 교환 및 추가지급은 하지 않습니다.
4) 요구사항의 규격은 "정도"의 의미를 포함하며, 지급된 재료의 크기에 따라 가감하여 채점합니다.
5) 위생상태 및 안전관리 사항을 준수합니다.
6) 다음 사항에 대해서는 채점대상에서 제외하니 특히 유의하시기 바랍니다.
   가) 기 권 – 수험자 본인이 시험 도중 시험에 대한 포기 의사를 표현하는 경우
   나) 실 격 – (1) 가스레인지 화구 2개 이상(2개 포함) 사용한 경우
   (2) 불을 사용하여 만든 조리작품이 작품특성에 벗어나는 정도로 타거나 익지 않은 경우
   (3) 시험 중 시설 · 장비(칼, 가스레인지 등) 사용 시 감독위원 및 타수험자의 시험 진행에 위협이 될 것으로 감독위원 전원이 합의하여 판단한 경우
   다) 미완성 – (1) 시험시간 내에 과제 두 가지를 제출하지 못한 경우
   (2) 문제의 요구사항대로 과제의 수량이 만들어지지 않은 경우
   라) 오 작 – (1) 구이를 찜으로 조리하는 등과 같이 완성품을 요구사항과 다르게 만든 경우
   (2) 해당과제의 지급재료 이외의 재료를 사용하거나 석쇠 등 요구사항의 조리도구를 사용하지 않은 경우
   마) 요구사항에 표시된 실격, 미완성, 오작에 해당하는 경우
7) 항목별 배점은 위생상태 및 안전관리 5점, 조리기술 30점, 작품의 평가 15점입니다.

만드는 법

참치 타르타르 만들기

❶ 냉동 참치는 소금물에 해동 후 소창에 말아 핏물 빠지게 놓는다.
❷ 참치는 0.4cm 크기의 브로노이즈로 썰고 양파, 올리브, 케이퍼는 0.2cm 크기로 썰어 놓는다.
❸ 다진 처빌, 레몬즙, 올리브오일, 핫소스, 소금, 후추 섞은 것과 ①, ②를 섞어 놓는다.
❹ 숫가락 2개로 퀜넬 형태로 3개를 만들어 완성한다.

샐러드 부케 만들기

❶ 차이브, 롤라로사, 치커리는 찬물에 담구워 싱싱하게 만든다.
❷ 홍파프리카와 노란파프리카는 반반씩은 고운 채를 썰어 준비한다.
❸ 오이는 2.5cm로 둥글게 슬라이스한 후 속을 동그랗게 파낸다.
❹ 맨 밑에 롤라로사 위로 치커리, 차이브, 파프리카 순으로 올려 말아서 오이에 꽂아 고정시킨다.

드레싱 만들기

❶ 양파, 홍파프리카, 노란파프리카, 오이는 가로, 세로 0.2cm 정도의 크기로 썰고 파슬리, 딜은 다져 놓는다.
❷ 볼에 올리브오일, 식초, 소금, 후춧가루와 ①을 섞어서 완성한다.

완성하기

접시 상단에 부케를 놓고 참치타르타르 3개를 벌려 놓은 후 참치 위에 드레싱을 올린다.

• 참치타르타르는 마지막에 만들어 완성한다.
• 미리하면 식초에 참치가 변색되기가 쉽다.

시험시간 40분

Smoked Salmon Roll with Vegetables

채소로 속을 채운 훈제연어롤

지급재료목록

- 훈제연어(균일한 두께와 크기로 지급) 150g
- 당근(길이방향으로 자른 모양으로 지급) 40g • 셀러리 15g
- 무 15g • 홍피망(중, 75g 정도, 길이로 잘라서) 1/8개
- 청피망(중, 75g 정도, 길이로 잘라서) 1/8개 • 케이퍼 6개
- 양파(중, 150g 정도) 1/8개 • 양상추 15g • 겨자무(홀스래디시) 10g
- 레몬(길이(장축)로 등분) 1/4개 • 생크림(조리용) 50ml
- 파슬리(잎, 줄기 포함) 1줄기 • 소금(정제염) 5g • 흰후춧가루 5g

*지참준비물 추가(연어나이프 : 필요 시 지참, 일반조리용 칼 대체 가능)

요구사항

※주어진 재료를 사용하여 다음과 같이 훈제연어롤을 만드시오.

가. 주어진 훈제연어를 슬라이스하여 사용하시오.
나. 당근, 셀러리, 무, 홍피망, 청피망을 0.3cm 정도의 두께로 채 써시오.
다. 채소로 속을 채워 롤을 만드시오.
라. 롤을 만든 뒤 일정한 크기로 6등분하여 제출하시오.
마. 생크림, 겨자무(홀스래디시), 레몬즙을 이용하여 만든 홀스래디시크림, 케이퍼, 레몬웨지, 양파, 파슬리를 곁들이시오.

수험자 유의사항

1) 만드는 순서에 유의하며, 위생과 숙련된 기능평가를 위하여 조리작업 시 맛을 보지 않습니다.
2) 지정된 수험자지참준비물 이외의 조리기구나 재료를 시험장 내에 지참할 수 없습니다.
3) 지급재료는 시험 전 확인하여 이상이 있을 경우 시험위원으로부터 조치를 받고 시험 중에는 재료의 교환 및 추가지급은 하지 않습니다.
4) 요구사항의 규격은 "정도"의 의미를 포함하며, 지급된 재료의 크기에 따라 가감하여 채점합니다.
5) 위생상태 및 안전관리 사항을 준수합니다.
6) 다음 사항에 대해서는 채점대상에서 제외하니 특히 유의하시기 바랍니다.
   가) 기 권 – 수험자 본인이 시험 도중 시험에 대한 포기 의사를 표현하는 경우
   나) 실 격 – (1) 가스레인지 화구 2개 이상(2개 포함) 사용한 경우
   (2) 불을 사용하여 만든 조리작품이 작품특성에 벗어나는 정도로 타거나 익지 않은 경우
   (3) 시험 중 시설 · 장비(칼, 가스레인지 등) 사용 시 감독위원 및 타수험자의 시험 진행에 위협이 될 것으로 감독위원 전원이 합의하여 판단한 경우
   다) 미완성 – (1) 시험시간 내에 과제 두 가지를 제출하지 못한 경우
   (2) 문제의 요구사항대로 과제의 수량이 만들어지지 않은 경우
   라) 오 작 – (1) 구이를 찜으로 조리하는 등과 같이 완성품을 요구사항과 다르게 만든 경우
   (2) 해당과제의 지급재료 이외의 재료를 사용하거나 석쇠 등 요구사항의 조리도구를 사용하지 않은 경우
   마) 요구사항에 표시된 실격, 미완성, 오작에 해당하는 경우
7) 항목별 배점은 위생상태 및 안전관리 5점, 조리기술 30점, 작품의 평가 15점입니다.

만드는 법

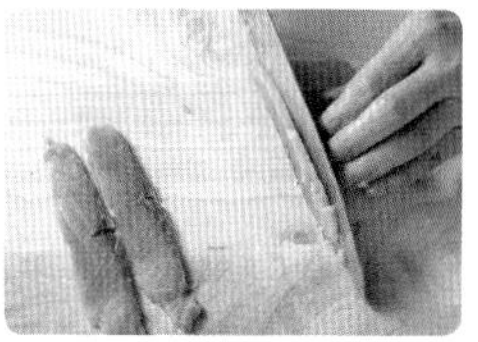

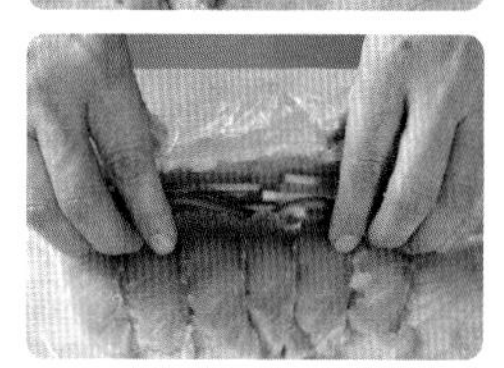

❶ 양상추와 파슬리는 찬물에 담가 놓는다.
❷ 훈제연어는 얇고 넓게 슬라이스한다.
❸ 당근, 셀러리, 무, 홍피망, 청피망을 0.3cm 정도로 채 썬 후 소금에 살짝 절여 물기를 제거한다.
❹ 양파는 브로노이즈(0.4cm)로 썰고 레몬은 웨지 슬라이스로 준비한다.
❺ 홀스래디시는 물기를 짠 다음 생크림을 휘핑한 후 홀스래디시, 레몬즙, 소금, 후추로 홀스래디시크림을 만든다.
❻ 비닐 깔고 위에 연어 슬라이스 위에 ③을 놓고 둥글게 말아 6등분한다.
❼ 접시에 양상추, 양파 브로노이즈, 케이퍼, 홀스래디시크림, 연어 6등분과 레몬웨지, 파슬리로 장식한다.

• 연어롤을 슬라이스할 때 비닐채로 썰면 연어가 터지지 않는다.

시험시간 30분

Brown stock
브라운 스톡

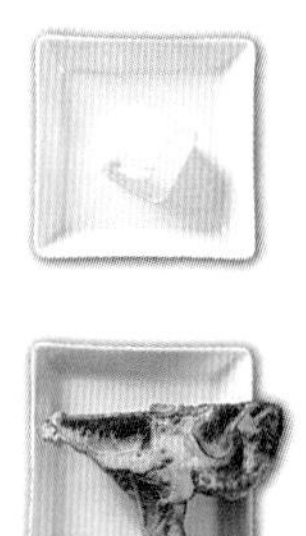

지급재료목록

- 소뼈(2~3cm 정도, 자른 것) 150g • 양파(중, 150g 정도) 1/2개
- 당근(둥근 모양이 유지되게 등분) 40g • 셀러리 30g
- 검은통후추 4개 • 토마토(중, 150g 정도) 1개
- 파슬리(잎, 줄기 포함) 1줄기 • 월계수잎 1잎 • 정향 1개
- 버터(무염) 5g • 식용유 50mL • 면실 30cm
- 다임(fresh, 1줄기) 2g • 다시백(10×12cm) 1개

요구사항

※주어진 재료를 사용하여 다음과 같이 브라운 스톡을 만드시오.

가. 스톡은 맑고 갈색이 되도록 하시오.

나. 소뼈는 찬물에 담가 핏물을 제거한 후 구워서 사용하시오.

다. 향신료로 사세 데피스(sachet d'epice)를 만들어 사용하시오.

라. 완성된 스톡의 양이 200mL정도 되도록 하여 볼에 담아내시오.

수험자 유의사항

1) 만드는 순서에 유의하며, 위생과 숙련된 기능평가를 위하여 조리작업 시 맛을 보지 않습니다.
2) 지정된 수험자지참준비물 이외의 조리기구나 재료를 시험장 내에 지참할 수 없습니다.
3) 지급재료는 시험 전 확인하여 이상이 있을 경우 시험위원으로부터 조치를 받고 시험 중에는 재료의 교환 및 추가지급은 하지 않습니다.
4) 요구사항의 규격은 "정도"의 의미를 포함하며, 지급된 재료의 크기에 따라 가감하여 채점합니다.
5) 위생상태 및 안전관리 사항을 준수합니다.
6) 다음 사항에 대해서는 채점대상에서 제외하니 특히 유의하시기 바랍니다.
   가) 기 권 – 수험자 본인이 시험 도중 시험에 대한 포기 의사를 표현하는 경우
   나) 실 격 – (1) 가스레인지 화구 2개 이상(2개 포함) 사용한 경우
   (2) 불을 사용하여 만든 조리작품이 작품특성에 벗어나는 정도로 타거나 익지 않은 경우
   (3) 시험 중 시설 · 장비(칼, 가스레인지 등) 사용 시 감독위원 및 타수험자의 시험 진행에 위협이 될 것으로 감독위원 전원이 합의하여 판단한 경우
   다) 미완성 – (1) 시험시간 내에 과제 두 가지를 제출하지 못한 경우
   (2) 문제의 요구사항대로 과제의 수량이 만들어지지 않은 경우
   라) 오 작 – (1) 구이를 찜으로 조리하는 등과 같이 완성품을 요구사항과 다르게 만든 경우
   (2) 해당과제의 지급재료 이외의 재료를 사용하거나 석쇠 등 요구사항의 조리도구를 사용하지 않은 경우
   마) 요구사항에 표시된 실격, 미완성, 오작에 해당하는 경우
7) 항목별 배점은 위생상태 및 안전관리 5점, 조리기술 30점, 작품의 평가 15점입니다.

만드는 법

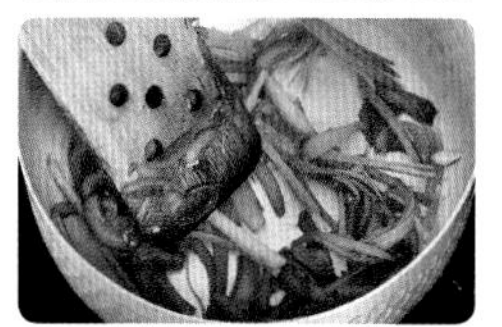

❶ 소뼈는 찬물에 담구워 핏물을 제거 후 사용한다.
❷ 셀러리, 정향, 월계수잎, 통후추, 파슬리 줄기를 소창으로 향신료주머니(사세 데피스)를 만들어 놓는다.
❸ 미루포아(당근, 셀러리, 양파)채소와 토마토는 채 썬다.
❹ 팬에 버터를 두르고 채소를 따로 볶아낸 후 소뼈를 골고루 색을 낸다.
❺ 볶은 야채와 향신료주머니, 소뼈를 냄비에 넣고 물 400ml를 붓고 끓인다.
❻ 육수가 끓으면 기름기와 불순물을 제거하고 낮은 온도로 갈색이 날 때까지 끓여 소창으로 걸러낸다.

• 육수가 갈색이 나도록 채소와 소뼈를 타지 않게 색을 잘 낸다.
• 육수에 소금을 하지 않는데, 그 이유는 모든 요리의 기본 재료가 되기 때문이다.

시험시간 40분

beef consomme 비프콩소메

지급재료목록

- 소고기(살코기 갈은 것) 70g • 양파(중, 150g 정도) 1개
- 당근(둥근 모양이 유지되게 등분) 40g • 셀러리 30g • 달걀 1개
- 소금(정제염) 2g • 검은후춧가루 2g • 검은통후추 1개
- 파슬리(잎, 줄기 포함) 1줄기 • 월계수잎 1잎
- 토마토(중, 150g 정도) 1/4개
- 비프스톡(육수)(물로 대체 가능) 500mL • 정향 1개

요구사항

※주어진 재료를 사용하여 다음과 같이 비프콩소메 수프를 만드시오.

가. 어니언 브루리(onion brulee)를 만들어 사용하시오.
나. 양파를 포함한 채소는 채 썰어 향신료, 소고기, 달걀흰자 머랭과 함께 섞어 사용하시오.
다. 수프는 맑고 갈색이 되도록 하여 200mL 정도 제출하시오.

수험자 유의사항

1) 만드는 순서에 유의하며, 위생과 숙련된 기능평가를 위하여 조리작업 시 맛을 보지 않습니다.
2) 지정된 수험자지참준비물 이외의 조리기구나 재료를 시험장 내에 지참할 수 없습니다.
3) 지급재료는 시험 전 확인하여 이상이 있을 경우 시험위원으로부터 조치를 받고 시험 중에는 재료의 교환 및 추가지급은 하지 않습니다.
4) 요구사항의 규격은 "정도"의 의미를 포함하며, 지급된 재료의 크기에 따라 가감하여 채점합니다.
5) 위생상태 및 안전관리 사항을 준수합니다.
6) 다음 사항에 대해서는 채점대상에서 제외하니 특히 유의하시기 바랍니다.
   가) 기 권 – 수험자 본인이 시험 도중 시험에 대한 포기 의사를 표현하는 경우
   나) 실 격 – (1) 가스레인지 화구 2개 이상(2개 포함) 사용한 경우
   (2) 불을 사용하여 만든 조리작품이 작품특성에 벗어나는 정도로 타거나 익지 않은 경우
   (3) 시험 중 시설 · 장비(칼, 가스레인지 등) 사용 시 감독위원 및 타수험자의 시험 진행에 위협이 될 것으로 감독위원 전원이 합의하여 판단한 경우
   다) 미완성 – (1) 시험시간 내에 과제 두 가지를 제출하지 못한 경우
   (2) 문제의 요구사항대로 과제의 수량이 만들어지지 않은 경우
   라) 오 작 – (1) 구이를 찜으로 조리하는 등과 같이 완성품을 요구사항과 다르게 만든 경우
   (2) 해당과제의 지급재료 이외의 재료를 사용하거나 석쇠 등 요구사항의 조리도구를 사용하지 않은 경우
   마) 요구사항에 표시된 실격, 미완성, 오작에 해당하는 경우
7) 항목별 배점은 위생상태 및 안전관리 5점, 조리기술 30점, 작품의 평가 15점입니다.

만드는 법

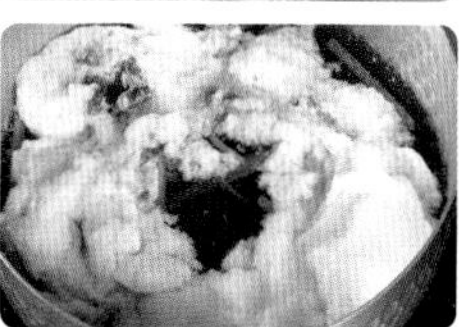

❶ 양파는 반은 링 슬라이스하여 브루리(양파가 타지 않게 진한 갈색으로 굽는것)를 만든다.
❷ 남은 양파와 셀러리, 당근, 토마토는 채 썰어 준비한다.
❸ 흰자는 휘핑하여 준비한 다음 위 ②번, 갈은 소고기, 통후추, 파슬리, 월계수잎, 정향을 잘 섞어준다.
❹ 냄비에 ③과 브루리, 육수를 넣어 중불에 눌지 않게 잘 저어가며 끓인다.
❺ 냄비가 끓으면 약불로 줄여 가운데 홈을 파듯 끓이면서 졸여준다.
❻ 200ml 양 정도 되면 소창에 걸러 소금, 후추 후 접시에 담아낸다.

- 흰자가 수프를 맑게 하는 포인트니 잘 저어가며 끓이면서 내용물이 도넛 모양이 되게 잘 응고시킨다.
- 흰자를 너무 많이 휘핑하면 끓일 때 둥둥 뜨는 현상이 있으니 적당한 휘핑이 필요하다.

시험시간 30분

French onion soup
프렌치 어니언 수프

지급재료목록

- 양파(중, 150g 정도) 1개 • 바게트빵 1조각
- 버터(무염) 20g • 소금(정제염) 2g • 검은후춧가루 1g
- 파마산 치즈가루 10g • 백포도주 15mL • 마늘(중, 깐 것) 1쪽
- 파슬리(잎, 줄기 포함) 1줄기
- 맑은 스톡(비프스톡 또는 콘소메, 물로 대체 가능) 270mL

요구사항

※주어진 재료를 사용하여 다음과 같이 프렌치 어니언 수프를 만드시오.

가. 양파는 5cm 크기의 길이로 일정하게 써시오.
나. 바게트빵에 마늘버터를 발라 구워서 따로 담아내시오.
다. 수프의 양은 200mL 정도 제출하시오.

수험자 유의사항

1) 만드는 순서에 유의하며, 위생과 숙련된 기능평가를 위하여 조리작업 시 맛을 보지 않습니다.
2) 지정된 수험자지참준비물 이외의 조리기구나 재료를 시험장 내에 지참할 수 없습니다.
3) 지급재료는 시험 전 확인하여 이상이 있을 경우 시험위원으로부터 조치를 받고 시험 중에는 재료의 교환 및 추가지급은 하지 않습니다.
4) 요구사항의 규격은 "정도"의 의미를 포함하며, 지급된 재료의 크기에 따라 가감하여 채점합니다.
5) 위생상태 및 안전관리 사항을 준수합니다.
6) 다음 사항에 대해서는 채점대상에서 제외하니 특히 유의하시기 바랍니다.
   가) 기　권 – 수험자 본인이 시험 도중 시험에 대한 포기 의사를 표현하는 경우
   나) 실　격 – (1) 가스레인지 화구 2개 이상(2개 포함) 사용한 경우
   (2) 불을 사용하여 만든 조리작품이 작품특성에 벗어나는 정도로 타거나 익지 않은 경우
   (3) 시험 중 시설 · 장비(칼, 가스레인지 등) 사용 시 감독위원 및 타수험자의 시험 진행에 위협이 될 것으로 감독위원 전원이 합의하여 판단한 경우
   다) 미완성 – (1) 시험시간 내에 과제 두 가지를 제출하지 못한 경우
   (2) 문제의 요구사항대로 과제의 수량이 만들어지지 않은 경우
   라) 오　작 – (1) 구이를 찜으로 조리하는 등과 같이 완성품을 요구사항과 다르게 만든 경우
   (2) 해당과제의 지급재료 이외의 재료를 사용하거나 석쇠 등 요구사항의 조리도구를 사용하지 않은 경우
   마) 요구사항에 표시된 실격, 미완성, 오작에 해당하는 경우
7) 항목별 배점은 위생상태 및 안전관리 5점, 조리기술 30점, 작품의 평가 15점입니다.

만드는 법

❶ 양파는 결 방향으로 얇게 슬라이스하고 파슬리, 마늘은 다져 놓는다.
❷ 양파는 팬에서 버터에 중불로 중간중간 와인을 넣어가며 진한 갈색으로 볶아낸다.
❸ 바게트는 0.5cm 두께로 슬라이스하고, 버터와 마늘 찹을 섞어 발라 준다.
❹ 냄비에 육수와 ②를 넣고 끓으면 불순물을 제거하고 소금, 후추 후 접시에 담는다.
❺ ③은 팬에 갈색으로 잘 구워 수프에 띄우고 위에 파슬리찹으로 마무리한다.

- 양파 채는 얇고 일정해야 잘 볶아지고 수프 본연의 색이 잘난다.
- 양파를 볶을 때 타지 않게 볶아 색도 잘 내고 탄맛이 없어야 한다.

시험시간 30분

Fish chowder soup
피시차우더 수프

지급재료목록

- 대구살(해동 지급) 50g • 감자(150g 정도) 1/5개
- 베이컨(길이 25~30cm) 1/2조각 • 양파(중, 150g 정도) 1/6개
- 셀러리 30g • 버터(무염) 20g • 밀가루(중력분) 15g
- 우유 200mL • 소금(정제염) 2g • 흰후춧가루 2g
- 정향 1개 • 월계수잎 1잎

요구사항

※주어진 재료를 사용하여 다음과 같이 피시차우더 수프를 만드시오.

가. 차우더 수프는 화이트 루(roux)를 이용하여 농도를 맞추시오.
나. 채소는 0.7×0.7×0.1cm, 생선은 1×1×1cm 정도 크기로 써시오.
다. 대구살을 이용하여 생선스톡을 만들어 사용하시오.
라. 수프는 200mL 정도로 제출하시오.

수험자 유의사항

1) 만드는 순서에 유의하며, 위생과 숙련된 기능평가를 위하여 조리작업 시 맛을 보지 않습니다.
2) 지정된 수험자지참준비물 이외의 조리기구나 재료를 시험장 내에 지참할 수 없습니다.
3) 지급재료는 시험 전 확인하여 이상이 있을 경우 시험위원으로부터 조치를 받고 시험 중에는 재료의 교환 및 추가지급은 하지 않습니다.
4) 요구사항의 규격은 "정도"의 의미를 포함하며, 지급된 재료의 크기에 따라 가감하여 채점합니다.
5) 위생상태 및 안전관리 사항을 준수합니다.
6) 다음 사항에 대해서는 채점대상에서 제외하니 특히 유의하시기 바랍니다.
   가) 기 권 – 수험자 본인이 시험 도중 시험에 대한 포기 의사를 표현하는 경우
   나) 실 격 – (1) 가스레인지 화구 2개 이상(2개 포함) 사용한 경우
   (2) 불을 사용하여 만든 조리작품이 작품특성에 벗어나는 정도로 타거나 익지 않은 경우
   (3) 시험 중 시설 · 장비(칼, 가스레인지 등) 사용 시 감독위원 및 타수험자의 시험 진행에 위협이 될 것으로 감독위원 전원이 합의하여 판단한 경우
   다) 미완성 – (1) 시험시간 내에 과제 두 가지를 제출하지 못한 경우
   (2) 문제의 요구사항대로 과제의 수량이 만들어지지 않은 경우
   라) 오 작 – (1) 구이를 찜으로 조리하는 등과 같이 완성품을 요구사항과 다르게 만든 경우
   (2) 해당과제의 지급재료 이외의 재료를 사용하거나 석쇠 등 요구사항의 조리도구를 사용하지 않은 경우
   마) 요구사항에 표시된 실격, 미완성, 오작에 해당하는 경우
7) 항목별 배점은 위생상태 및 안전관리 5점, 조리기술 30점, 작품의 평가 15점입니다.

만드는 법

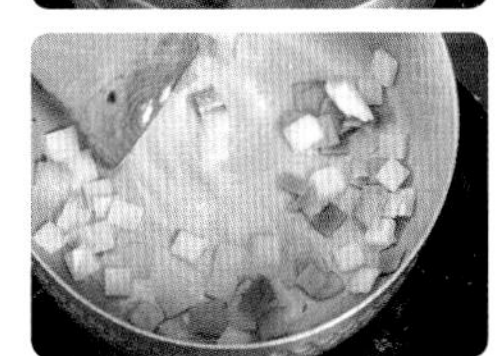

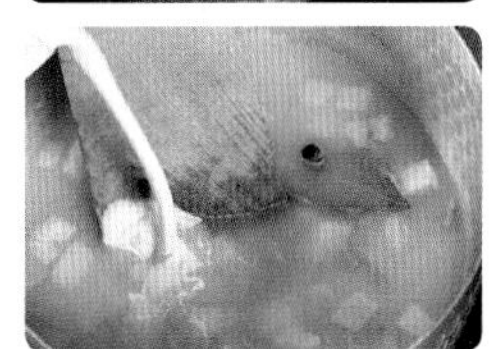

❶ 생선살은 1×1×1cm 정도 크기로 썰어 2컵 물에 삶아낸 후 물은 육수로 쓴다.
❷ 양파, 감자, 셀러리는 0.7×0.7×0.1cm 정도 크기로 썰고 감자는 물에 담구워 놓는다.
❸ 베이컨은 1×1cm 정도 크기로 썰어 끓는 물에 데쳐 기름기를 제거한다.
❹ 버터에 ②를 볶아 놓는다.
❺ 팬에 버터와 밀가루로 화이트 루(버터 1 : 밀가루 1)를 만들어 육수를 조금씩 넣어가며 덩어리지지 않게 풀어서 끓인다.
❻ ⑤에 ③번, ④번, 월계수잎, 정향, 우유를 넣어 은은하게 끓인다.
❼ 어느 정도 끓여 농도가 나오면 월계수잎, 정향을 건져내고 생선살과 소금, 후추 후 살짝 한 번 끓여서 접시에 담는다.

- 루와 육수를 풀을 때 덩어리지지 않게 한다.
- 생선살과 감자는 부서질 수 있으니 적당히 끓여야 한다.

시험시간 30분

Potato cream soup 포테이토 크림수프

지급재료목록

- 감자(200g 정도) 1개 • 대파(흰부분, 10cm 정도) 1토막
- 양파(중, 150g 정도) 1/4개 • 버터(무염) 15g
- 치킨 스톡(물로 대체 가능) 270mL • 생크림(조리용) 20mL
- 식빵(샌드위치용) 1조각 • 소금(정제염) 2g • 흰후춧가루 1g
- 월계수잎 1잎

요구사항

※주어진 재료를 사용하여 다음과 같이 포테이토 크림수프를 만드시오.

가. 크루톤(crouton)의 크기는 사방 0.8~1cm 정도로 만들어 버터에 볶아 수프에 띄우시오.
나. 익힌 감자는 체에 내려 사용하시오.
다. 수프의 색과 농도에 유의하고 200mL 정도 제출하시오.

수험자 유의사항

1) 만드는 순서에 유의하며, 위생과 숙련된 기능평가를 위하여 조리작업 시 맛을 보지 않습니다.
2) 지정된 수험자지참준비물 이외의 조리기구나 재료를 시험장 내에 지참할 수 없습니다.
3) 지급재료는 시험 전 확인하여 이상이 있을 경우 시험위원으로부터 조치를 받고 시험 중에는 재료의 교환 및 추가지급은 하지 않습니다.
4) 요구사항의 규격은 "정도"의 의미를 포함하며, 지급된 재료의 크기에 따라 가감하여 채점합니다.
5) 위생상태 및 안전관리 사항을 준수합니다.
6) 다음 사항에 대해서는 채점대상에서 제외하니 특히 유의하시기 바랍니다.
   가) 기 권 – 수험자 본인이 시험 도중 시험에 대한 포기 의사를 표현하는 경우
   나) 실 격 – (1) 가스레인지 화구 2개 이상(2개 포함) 사용한 경우
   (2) 불을 사용하여 만든 조리작품이 작품특성에 벗어나는 정도로 타거나 익지 않은 경우
   (3) 시험 중 시설 · 장비(칼, 가스레인지 등) 사용 시 감독위원 및 타수험자의 시험 진행에 위협이 될 것으로 감독위원 전원이 합의하여 판단한 경우
   다) 미완성 – (1) 시험시간 내에 과제 두 가지를 제출하지 못한 경우
   (2) 문제의 요구사항대로 과제의 수량이 만들어지지 않은 경우
   라) 오 작 – (1) 구이를 찜으로 조리하는 등과 같이 완성품을 요구사항과 다르게 만든 경우
   (2) 해당과제의 지급재료 이외의 재료를 사용하거나 석쇠 등 요구사항의 조리도구를 사용하지 않은 경우
   마) 요구사항에 표시된 실격, 미완성, 오작에 해당하는 경우
7) 항목별 배점은 위생상태 및 안전관리 5점, 조리기술 30점, 작품의 평가 15점입니다.

만드는 법

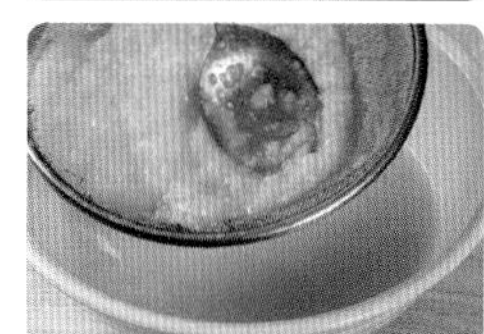

❶ 감자는 껍질을 벗겨서 반 자른 후 얇게 슬라이스하여 찬물에 담가 갈변이 되지 않도록 한다.
❷ 양파와 대파는 깨끗이 다듬어 채 썰어 놓는다.
❸ 식빵은 0.7cm의 정사각형으로 썰어서 팬에서 색이 나도록 볶아놓는다.
❹ 팬에 버터를 두르고 양파, 대파를 볶다가 감자를 넣어 볶아준다.
❺ ④에 육수와 월계수잎을 넣고 푹 끓인 후 적당한 양이 되면 월계수잎을 건져내고 체에 내린 후 생크림, 소금, 후추로 간을 하여 살짝 끓여 낸다.
❻ 그릇에 담고 크루통을 띄워 제출한다.

- 감자가 얇아야 빨리 끓일 수 있다
- 크루통은 제출할 때 올려나간다.

시험시간 30분

Minestrone soup
미네스트로니 수프

지급재료목록

- 양파(중, 150g 정도) 1/4개 • 셀러리 30g
- 당근(둥근 모양이 유지되게 등분) 40g • 무 10g • 양배추 40g
- 버터(무염) 5g • 스트링빈스(냉동, 채두 대체 가능) 2줄기 • 완두콩 5알
- 토마토(중, 150g 정도) 1/8개 • 스파게티 2가닥 • 토마토 페이스트 15g
- 파슬리(잎, 줄기 포함) 1줄기 • 베이컨(길이 25~30cm) 1/2조각
- 마늘(중, 깐 것) 1쪽 • 소금(정제염) 2g • 검은후춧가루 2g
- 치킨 스톡(물로 대체 가능) 200mL • 월계수잎 1잎 • 정향 1개

요구사항

※주어진 재료를 사용하여 다음과 같이 미네스트로니 수프를 만드시오.

가. 채소는 사방 1.2cm, 두께 0.2cm 정도로 써시오.
나. 스트링빈스, 스파게티는 1.2cm 정도의 길이로 써시오.
다. 국물과 고형물의 비율을 3:1로 하시오.
라. 전체 수프의 양은 200mL 정도로 하고 파슬리 가루를 뿌려내시오.

수험자 유의사항

1) 만드는 순서에 유의하며, 위생과 숙련된 기능평가를 위하여 조리작업 시 맛을 보지 않습니다.
2) 지정된 수험자지참준비물 이외의 조리기구나 재료를 시험장 내에 지참할 수 없습니다.
3) 지급재료는 시험 전 확인하여 이상이 있을 경우 시험위원으로부터 조치를 받고 시험 중에는 재료의 교환 및 추가지급은 하지 않습니다.
4) 요구사항의 규격은 "정도"의 의미를 포함하며, 지급된 재료의 크기에 따라 가감하여 채점합니다.
5) 위생상태 및 안전관리 사항을 준수합니다.
6) 다음 사항에 대해서는 채점대상에서 제외하니 특히 유의하시기 바랍니다.
   가) 기 권 – 수험자 본인이 시험 도중 시험에 대한 포기 의사를 표현하는 경우
   나) 실 격 – (1) 가스레인지 화구 2개 이상(2개 포함) 사용한 경우
   (2) 불을 사용하여 만든 조리작품이 작품특성에 벗어나는 정도로 타거나 익지 않은 경우
   (3) 시험 중 시설 · 장비(칼, 가스레인지 등) 사용 시 감독위원 및 타수험자의 시험 진행에 위협이 될 것으로 감독위원 전원이 합의하여 판단한 경우
   다) 미완성 – (1) 시험시간 내에 과제 두 가지를 제출하지 못한 경우
   (2) 문제의 요구사항대로 과제의 수량이 만들어지지 않은 경우
   라) 오 작 – (1) 구이를 찜으로 조리하는 등과 같이 완성품을 요구사항과 다르게 만든 경우
   (2) 해당과제의 지급재료 이외의 재료를 사용하거나 석쇠 등 요구사항의 조리도구를 사용하지 않은 경우
   마) 요구사항에 표시된 실격, 미완성, 오작에 해당하는 경우
7) 항목별 배점은 위생상태 및 안전관리 5점, 조리기술 30점, 작품의 평가 15점입니다.

만드는 법

❶ 마늘과 파슬리는 곱게 다지고 파슬리는 다진 후 소창에 짜서 물기를 제거한다.
❷ 양파, 셀러리, 당근, 양배추, 무는 가로, 세로, 높이 1.2×1.2×0.2cm로 썰어 놓는다.
❸ 베이컨은 1.2×1.2cm로 썰어서 끓는 물에 데쳐서 기름기를 제거한다.
❹ 끓는 물에 토마토는 데쳐서 껍질을 제거하고 1.2×1.2cm로 썰어 놓는다.
❺ 끓는 물에 소금을 첨가하여 스파게티는 1.2cm로 잘라 삶아낸다.
❻ 냄비에 버터를 두르고 마늘을 볶다가 베이컨과 야채를 넣어 볶은 다음 토마토 페이스트를 넣고 볶아주다가 육수와 부케가르니를 넣고 끓인다.
❼ ⑥에 불순물을 제거하고 적당량이 되면 부케가르니를 건져낸 다음 빈스와 소금, 후추로 간을 하여 한 번 끓여낸다.
❽ 수프를 그릇에 담고 파슬리 가루를 뿌려낸다.

Tip

• 채소의 크기를 일정하게 자르는 것이 중요하다.
• 토마토 페스트를 잘 볶아 신맛이 안나게 한다.

시험시간 30분

Brown gravy sauce
브라운 그래비 소스

지급재료목록

- 밀가루(중력분) 20g • 브라운 스톡(물로 대체 가능) 300mL
- 소금(정제염) 2g • 검은후춧가루 1g • 버터(무염) 30g
- 양파(중, 150g 정도) 1/6개 • 셀러리 20g
- 당근(둥근 모양이 유지되게 등분) 40g • 토마토 페이스트 30g
- 월계수잎 1잎 • 정향 1개

요구사항

※주어진 재료를 사용하여 다음과 같이 브라운 그래비 소스를 만드시오.

가. 브라운 루(brown roux)를 만들어 사용하시오.

나. 소스의 양은 200mL 정도를 만드시오.

수험자 유의사항

1) 만드는 순서에 유의하며, 위생과 숙련된 기능평가를 위하여 조리작업 시 맛을 보지 않습니다.
2) 지정된 수험자지참준비물 이외의 조리기구나 재료를 시험장 내에 지참할 수 없습니다.
3) 지급재료는 시험 전 확인하여 이상이 있을 경우 시험위원으로부터 조치를 받고 시험 중에는 재료의 교환 및 추가지급은 하지 않습니다.
4) 요구사항의 규격은 "정도"의 의미를 포함하며, 지급된 재료의 크기에 따라 가감하여 채점합니다.
5) 위생상태 및 안전관리 사항을 준수합니다.
6) 다음 사항에 대해서는 채점대상에서 제외하니 특히 유의하시기 바랍니다.
   가) 기 권 – 수험자 본인이 시험 도중 시험에 대한 포기 의사를 표현하는 경우
   나) 실 격 – (1) 가스레인지 화구 2개 이상(2개 포함) 사용한 경우
   (2) 불을 사용하여 만든 조리작품이 작품특성에 벗어나는 정도로 타거나 익지 않은 경우
   (3) 시험 중 시설 · 장비(칼, 가스레인지 등) 사용 시 감독위원 및 타수험자의 시험 진행에 위협이 될 것으로 감독위원 전원이 합의하여 판단한 경우
   다) 미완성 – (1) 시험시간 내에 과제 두 가지를 제출하지 못한 경우
   (2) 문제의 요구사항대로 과제의 수량이 만들어지지 않은 경우
   라) 오 작 – (1) 구이를 찜으로 조리하는 등과 같이 완성품을 요구사항과 다르게 만든 경우
   (2) 해당과제의 지급재료 이외의 재료를 사용하거나 석쇠 등 요구사항의 조리도구를 사용하지 않은 경우
   마) 요구사항에 표시된 실격, 미완성, 오작에 해당하는 경우
7) 항목별 배점은 위생상태 및 안전관리 5점, 조리기술 30점, 작품의 평가 15점입니다.

만드는 법

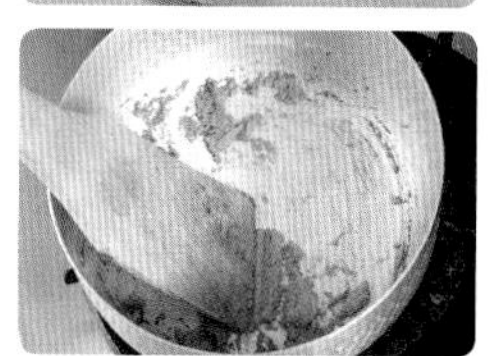

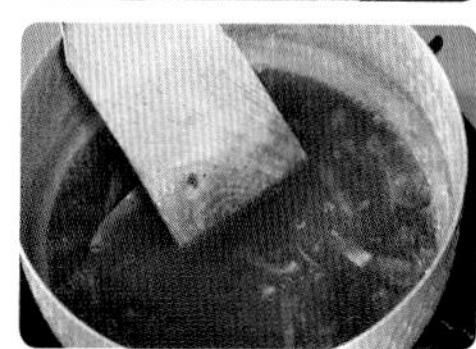

❶ 양파, 당근, 샐러리는 채를 썰어 팬에서 갈색이 되도록 볶아낸다.

❷ 브라운 루(버터와 밀가루 1:1 동량)를 만들어 놓는다.

❸ 냄비에 토마토 페이스트를 충분히 볶은 후 육수와 루를 넣어 풀어주고 볶은 채소와 부케가르니(셀러리, 월계수잎, 정향, 후추)를 넣어 은은히 끓여준다.

❹ 적당량의 농도가 나오면 체에 거른 후 소금, 후추로 간을 하고 그릇에 담아 제출한다.

TIP

- 루를 볶을 때 타지 않게 볶아주어야 쓴맛이 나지 않는다.
- 토마토 페이스트를 충분히 볶아 신맛을 없애야 한다.

시험시간 25분

Hollandaise sauce
홀랜다이즈 소스

지급재료목록

- 달걀 2개 • 양파(중, 150g 정도) 1/8개 • 식초 20mL
- 검은 통후추 3개 • 버터(무염) 200g
- 레몬(길이(장축)로 등분) 1/4개 • 월계수잎 1잎
- 파슬리(잎, 줄기 포함) 1줄기 • 소금(정제염) 2g • 흰후춧가루 1g

요구사항

※주어진 재료를 사용하여 다음과 같이 홀랜다이즈 소스를 만드시오.

가. 양파, 식초를 이용하여 허브에센스(herb essence)를 만들어 사용하시오.
나. 정제 버터를 만들어 사용하시오.
다. 소스는 중탕으로 만들어 굳지 않게 그릇에 담아내시오.
라. 소스는 100mL 정도 제출하시오.

수험자 유의사항

1) 만드는 순서에 유의하며, 위생과 숙련된 기능평가를 위하여 조리작업 시 맛을 보지 않습니다.
2) 지정된 수험자지참준비물 이외의 조리기구나 재료를 시험장 내에 지참할 수 없습니다.
3) 지급재료는 시험 전 확인하여 이상이 있을 경우 시험위원으로부터 조치를 받고 시험 중에는 재료의 교환 및 추가지급은 하지 않습니다.
4) 요구사항의 규격은 "정도"의 의미를 포함하며, 지급된 재료의 크기에 따라 가감하여 채점합니다.
5) 위생상태 및 안전관리 사항을 준수합니다.
6) 다음 사항에 대해서는 채점대상에서 제외하니 특히 유의하시기 바랍니다.
   가) 기　권 – 수험자 본인이 시험 도중 시험에 대한 포기 의사를 표현하는 경우
   나) 실　격 – (1) 가스레인지 화구 2개 이상(2개 포함) 사용한 경우
   (2) 불을 사용하여 만든 조리작품이 작품특성에 벗어나는 정도로 타거나 익지 않은 경우
   (3) 시험 중 시설 · 장비(칼, 가스레인지 등) 사용 시 감독위원 및 타수험자의 시험 진행에 위협이 될 것으로 감독위원 전원이 합의하여 판단한 경우
   다) 미완성 – (1) 시험시간 내에 과제 두 가지를 제출하지 못한 경우
   (2) 문제의 요구사항대로 과제의 수량이 만들어지지 않은 경우
   라) 오　작 – (1) 구이를 찜으로 조리하는 등과 같이 완성품을 요구사항과 다르게 만든 경우
   (2) 해당과제의 지급재료 이외의 재료를 사용하거나 석쇠 등 요구사항의 조리도구를 사용하지 않은 경우
   마) 요구사항에 표시된 실격, 미완성, 오작에 해당하는 경우
7) 항목별 배점은 위생상태 및 안전관리 5점, 조리기술 30점, 작품의 평가 15점입니다.

만드는 법

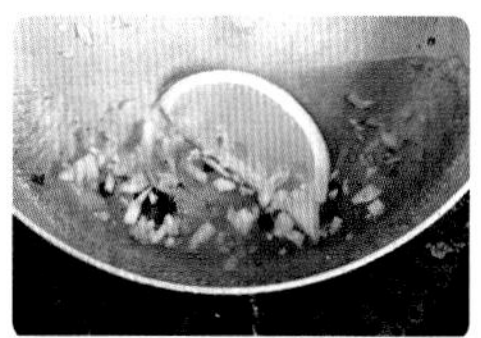

❶ 냄비에 물이 끓으면 용기에 버터를 담아 중탕으로 버터를 녹여 정제한다.
❷ 냄비에 다진 양파, 월계수잎, 통후추, 파슬리 줄기, 식초, 물을 넣어 끓여 졸이면서 3스푼의 양이 되면 소창으로 걸러서 향초 국물(허브에센스)을 만든다.
❸ 믹싱볼에 달걀 노른자와 향초 국물을 넣고 중탕으로 거품기로 치면서 익힌다.
❹ 위 ③이 마요네즈 농도가 나오면 불에서 꺼내어 정제버터를 조금씩 넣으면서 마요네즈 치듯이 믹스한다.
❺ ④에 소금, 후추, 레몬즙을 짜 넣어 간을 한 후 그릇에 담아낸다.

- 정제버터를 넣을 때는 소량으로 넣어야 분리되지 않는다.
- 달걀 노른자를 너무 많이 익히면 덩어리가 지고 버터와 섞이지 않는다.

시험시간 30분

Italian meat sauce
이탈리안미트 소스

지급재료목록

- 양파(중, 150g 정도) 1/2개 • 소고기(살코기 갈은 것) 60g
- 마늘(중, 깐 것) 1쪽 • 캔 토마토(고형물) 30g • 버터(무염) 10g
- 토마토 페이스트 30g • 월계수잎 1잎 • 파슬리(잎, 줄기 포함) 1줄기
- 소금(정제염) 2g • 검은후춧가루 2g • 셀러리 30g

요구사항

※주어진 재료를 사용하여 다음과 같이 이탈리안미트소스를 만드시오.

가. 모든 재료는 다져서 사용하시오.
나. 그릇에 담고 파슬리 다진 것을 뿌려내시오.
다. 소스는 150mL 정도 제출하시오.

수험자 유의사항

1) 만드는 순서에 유의하며, 위생과 숙련된 기능평가를 위하여 조리작업 시 맛을 보지 않습니다.
2) 지정된 수험자지참준비물 이외의 조리기구나 재료를 시험장 내에 지참할 수 없습니다.
3) 지급재료는 시험 전 확인하여 이상이 있을 경우 시험위원으로부터 조치를 받고 시험 중에는 재료의 교환 및 추가지급은 하지 않습니다.
4) 요구사항의 규격은 "정도"의 의미를 포함하며, 지급된 재료의 크기에 따라 가감하여 채점합니다.
5) 위생상태 및 안전관리 사항을 준수합니다.
6) 다음 사항에 대해서는 채점대상에서 제외하니 특히 유의하시기 바랍니다.
   가) 기 권 – 수험자 본인이 시험 도중 시험에 대한 포기 의사를 표현하는 경우
   나) 실 격 – (1) 가스레인지 화구 2개 이상(2개 포함) 사용한 경우
   (2) 불을 사용하여 만든 조리작품이 작품특성에 벗어나는 정도로 타거나 익지 않은 경우
   (3) 시험 중 시설 · 장비(칼, 가스레인지 등) 사용 시 감독위원 및 타수험자의 시험 진행에 위협이 될 것으로 감독위원 전원이 합의하여 판단한 경우
   다) 미완성 – (1) 시험시간 내에 과제 두 가지를 제출하지 못한 경우
   (2) 문제의 요구사항대로 과제의 수량이 만들어지지 않은 경우
   라) 오 작 – (1) 구이를 찜으로 조리하는 등과 같이 완성품을 요구사항과 다르게 만든 경우
   (2) 해당과제의 지급재료 이외의 재료를 사용하거나 석쇠 등 요구사항의 조리도구를 사용하지 않은 경우
   마) 요구사항에 표시된 실격, 미완성, 오작에 해당하는 경우
7) 항목별 배점은 위생상태 및 안전관리 5점, 조리기술 30점, 작품의 평가 15점입니다.

만드는 법

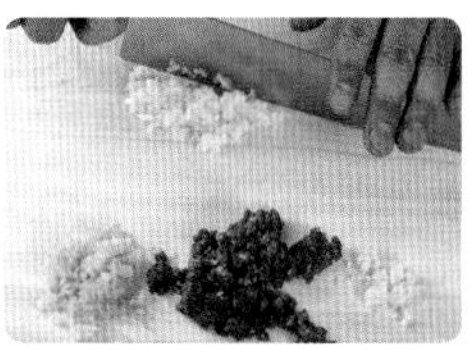

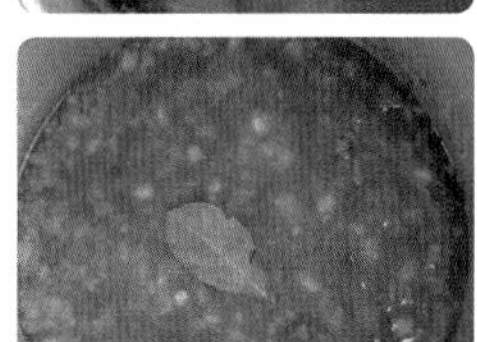

❶ 양파, 마늘, 셀러리를 곱게 다진다.
❷ 파슬리는 다져서 소창에 싸 헹궈 물기를 제거한다.
❸ 버터를 두르고 마늘이 볶아지면 양파, 셀러리를 볶고 소고기를 넣어 볶아준다.
❹ 토마토 페이스트를 넣어 신맛이 나지 않을 정도로 충분히 볶아준다.
❺ ④에 육수와 토마토홀, 월계수잎을 넣고 은은하게 끓여준다.
❻ 농도가 나오면 월계수잎을 건져내고 소금, 후추로 간을 한 후 소스볼에 담아 파슬리를 뿌려 제출한다.

• 소스를 자주 저어 눌어붙지 않게 하여 누린내를 안나게 한다.

시험시간 20분

Tartar sauce
타르타르 소스

지급재료목록

- 마요네즈 70g • 오이피클(개당 25~30g짜리) 1/2개
- 양파(중, 150g 정도) 1/10개 • 파슬리(잎, 줄기 포함) 1줄기
- 달걀 1개 • 소금(정제염) 2g • 흰후춧가루 2g
- 레몬(길이(장축)로 등분) 1/4개 • 식초 2mL

요구사항

※주어진 재료를 사용하여 다음과 같이 타르타르 소스를 만드시오.

가. 다지는 재료는 0.2cm 정도의 크기로 하고 파슬리는 줄기를 제거하여 사용하시오.
나. 소스는 농도를 잘 맞추어 100mL 정도 제출하시오.

수험자 유의사항

1) 만드는 순서에 유의하며, 위생과 숙련된 기능평가를 위하여 조리작업 시 맛을 보지 않습니다.
2) 지정된 수험자지참준비물 이외의 조리기구나 재료를 시험장 내에 지참할 수 없습니다.
3) 지급재료는 시험 전 확인하여 이상이 있을 경우 시험위원으로부터 조치를 받고 시험 중에는 재료의 교환 및 추가지급은 하지 않습니다.
4) 요구사항의 규격은 "정도"의 의미를 포함하며, 지급된 재료의 크기에 따라 가감하여 채점합니다.
5) 위생상태 및 안전관리 사항을 준수합니다.
6) 다음 사항에 대해서는 채점대상에서 제외하니 특히 유의하시기 바랍니다.
   가) 기 권 – 수험자 본인이 시험 도중 시험에 대한 포기 의사를 표현하는 경우
   나) 실 격 – (1) 가스레인지 화구 2개 이상(2개 포함) 사용한 경우
   (2) 불을 사용하여 만든 조리작품이 작품특성에 벗어나는 정도로 타거나 익지 않은 경우
   (3) 시험 중 시설 · 장비(칼, 가스레인지 등) 사용 시 감독위원 및 타수험자의 시험 진행에 위협이 될 것으로 감독위원 전원이 합의하여 판단한 경우
   다) 미완성 – (1) 시험시간 내에 과제 두 가지를 제출하지 못한 경우
   (2) 문제의 요구사항대로 과제의 수량이 만들어지지 않은 경우
   라) 오 작 – (1) 구이를 찜으로 조리하는 등과 같이 완성품을 요구사항과 다르게 만든 경우
   (2) 해당과제의 지급재료 이외의 재료를 사용하거나 석쇠 등 요구사항의 조리도구를 사용하지 않은 경우
   마) 요구사항에 표시된 실격, 미완성, 오작에 해당하는 경우
7) 항목별 배점은 위생상태 및 안전관리 5점, 조리기술 30점, 작품의 평가 15점입니다.

만드는 법

❶ 양파, 오이피클을 0.2cm로 다지고 파슬리는 곱게 다져 소창에 싸서 물에 헹궈 물기를 제거한다.
❷ 달걀은 끓는 소금물에 12분 삶아 찬물에 식힌 후 노른자, 흰자를 분리하여 흰자는 0.5cm 크기로 다지고 노른자는 체에 내린다.
❸ 믹싱볼에 마요네즈, 양파, 오이피클, 달걀 흰자, 노른자, 파슬리 가루, 레몬즙, 소금, 후추를 넣고 잘 섞는다.
❹ 그릇에 담아 파슬리 가루를 뿌려 제출한다.

- 농도가 될 때는 피클주스로 농도를 맞춘다.
- 채소는 일정한 크기로 다진다.

시험시간 20분

Waldorf salad
월도프샐러드

지급재료목록

- 사과(200~250g 정도) 1개 • 셀러리 30g
- 호두(중, 겉껍질 제거한 것) 2개 • 레몬(길이(장축)로 등분) 1/4개
- 소금(정제염) 2g • 흰후춧가루 1g • 마요네즈 60g
- 양상추(2잎 정도, 잎상추로 대체 가능) 20g • 이쑤시개 1개

요구사항

※주어진 재료를 사용하여 다음과 같이 월도프샐러드를 만드시오.

가. 사과, 셀러리, 호도알을 사방 1cm 정도의 크기로 써시오.
나. 사과의 껍질을 벗겨 변색되지 않게 하고, 호두알의 속껍질을 벗겨 사용하시오.
다. 상추 위에 월도프샐러드를 담아내시오.

수험자 유의사항

1) 만드는 순서에 유의하며, 위생과 숙련된 기능평가를 위하여 조리작업 시 맛을 보지 않습니다.
2) 지정된 수험자지참준비물 이외의 조리기구나 재료를 시험장 내에 지참할 수 없습니다.
3) 지급재료는 시험 전 확인하여 이상이 있을 경우 시험위원으로부터 조치를 받고 시험 중에는 재료의 교환 및 추가지급은 하지 않습니다.
4) 요구사항의 규격은 "정도"의 의미를 포함하며, 지급된 재료의 크기에 따라 가감하여 채점합니다.
5) 위생상태 및 안전관리 사항을 준수합니다.
6) 다음 사항에 대해서는 채점대상에서 제외하니 특히 유의하시기 바랍니다.
   가) 기　권 – 수험자 본인이 시험 도중 시험에 대한 포기 의사를 표현하는 경우
   나) 실　격 – (1) 가스레인지 화구 2개 이상(2개 포함) 사용한 경우
   (2) 불을 사용하여 만든 조리작품이 작품특성에 벗어나는 정도로 타거나 익지 않은 경우
   (3) 시험 중 시설 · 장비(칼, 가스레인지 등) 사용 시 감독위원 및 타수험자의 시험 진행에 위협이 될 것으로 감독위원 전원이 합의하여 판단한 경우
   다) 미완성 – (1) 시험시간 내에 과제 두 가지를 제출하지 못한 경우
   (2) 문제의 요구사항대로 과제의 수량이 만들어지지 않은 경우
   라) 오　작 – (1) 구이를 찜으로 조리하는 등과 같이 완성품을 요구사항과 다르게 만든 경우
   (2) 해당과제의 지급재료 이외의 재료를 사용하거나 석쇠 등 요구사항의 조리도구를 사용하지 않은 경우
   마) 요구사항에 표시된 실격, 미완성, 오작에 해당하는 경우
7) 항목별 배점은 위생상태 및 안전관리 5점, 조리기술 30점, 작품의 평가 15점입니다.

만드는 법

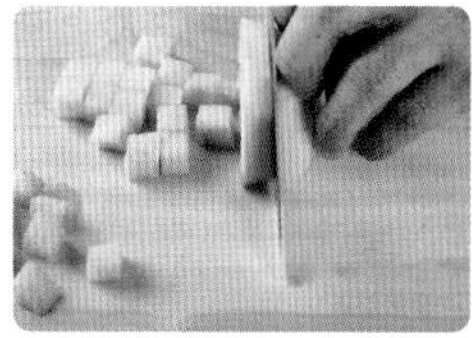

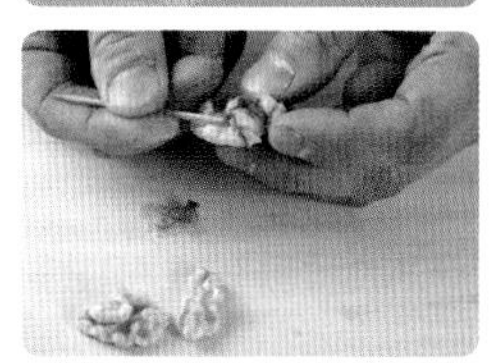

❶ 양상추는 찬물에 담그고 호두는 따뜻한 물에 불린다.
❷ 사과는 껍질을 제거하여 1cm의 크기로 정사각형 모양으로 잘라 레몬물에 담근다.
❸ 셀러리는 껍질을 벗기고 사방 1cm의 크기로 썰어 놓는다.
❹ 불린 호두는 이쑤시개로 껍질을 벗기고 1cm의 크기로 자른다.
❺ 믹싱볼에 물기를 제거한 사과, 셀러리, 호두, 마요네즈, 레몬즙, 소금, 후추로 간을 하여 잘 섞어 놓는다.
❻ 그릇에 양상추를 깔고 위에 ⑤를 담아 제출한다.

TIP

- 사과는 썰어 놓으면 갈변이 되므로 설탕물이나 레몬물에 담가 놓는다.
- 샐러드할 때 마요네즈에 버무리기에 물기가 있어서는 안 된다.

시험시간 30분

Potato salad
포테이토 샐러드

지급재료목록

- 감자(150g 정도) 1개 • 양파(중, 150g 정도) 1/6개
- 파슬리(잎, 줄기 포함) 1줄기 • 소금(정제염) 5g
- 흰후춧가루 1g • 마요네즈 50g

요구사항

※주어진 재료를 사용하여 다음과 같이 포테이토 샐러드를 만드시오.

가. 감자는 껍질을 벗긴 후 1cm 정도의 정육면체로 썰어서 삶으시오.
나. 양파는 곱게 다져 매운맛을 제거하시오.
다. 파슬리는 다져서 사용하시오.

수험자 유의사항

1) 만드는 순서에 유의하며, 위생과 숙련된 기능평가를 위하여 조리작업 시 맛을 보지 않습니다.
2) 지정된 수험자지참준비물 이외의 조리기구나 재료를 시험장 내에 지참할 수 없습니다.
3) 지급재료는 시험 전 확인하여 이상이 있을 경우 시험위원으로부터 조치를 받고 시험 중에는 재료의 교환 및 추가지급은 하지 않습니다.
4) 요구사항의 규격은 "정도"의 의미를 포함하며, 지급된 재료의 크기에 따라 가감하여 채점합니다.
5) 위생상태 및 안전관리 사항을 준수합니다.
6) 다음 사항에 대해서는 채점대상에서 제외하니 특히 유의하시기 바랍니다.
   가) 기　권 – 수험자 본인이 시험 도중 시험에 대한 포기 의사를 표현하는 경우
   나) 실　격 – (1) 가스레인지 화구 2개 이상(2개 포함) 사용한 경우
   (2) 불을 사용하여 만든 조리작품이 작품특성에 벗어나는 정도로 타거나 익지 않은 경우
   (3) 시험 중 시설 · 장비(칼, 가스레인지 등) 사용 시 감독위원 및 타수험자의 시험 진행에 위협이 될 것으로 감독위원 전원이 합의하여 판단한 경우
   다) 미완성 – (1) 시험시간 내에 과제 두 가지를 제출하지 못한 경우
   (2) 문제의 요구사항대로 과제의 수량이 만들어지지 않은 경우
   라) 오　작 – (1) 구이를 찜으로 조리하는 등과 같이 완성품을 요구사항과 다르게 만든 경우
   (2) 해당과제의 지급재료 이외의 재료를 사용하거나 석쇠 등 요구사항의 조리도구를 사용하지 않은 경우
   마) 요구사항에 표시된 실격, 미완성, 오작에 해당하는 경우
7) 항목별 배점은 위생상태 및 안전관리 5점, 조리기술 30점, 작품의 평가 15점입니다.

만드는 법

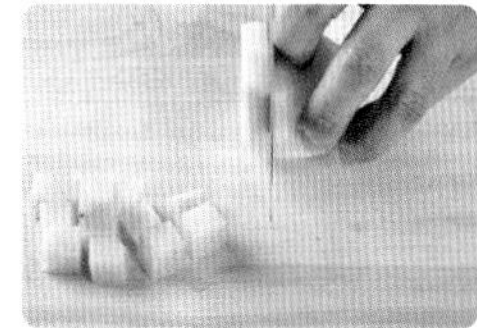

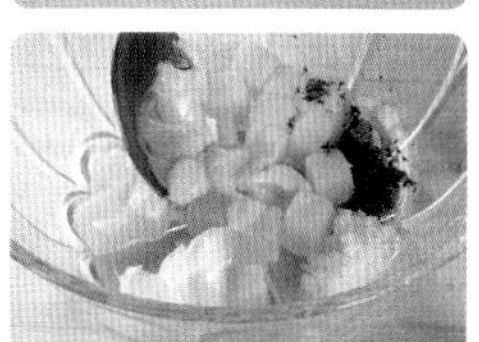

❶ 감자는 껍질을 벗겨 사방 1cm 정도 크기로 썰어 물에 담근다.
❷ 끓는 소금물에 감자를 삶아 실온에 식힌다.
❸ 양파는 곱게 다져 소창으로 매운맛을 제거하여 놓는다.
❹ 파슬리는 곱게 다져 소창에 싸서 찬물에 헹궈 수분을 제거해 놓는다.
❺ 믹싱볼에 다진 양파, 삶은 감자, 소금, 후추, 마요네즈로 감자가 부숴지지 않게 잘 섞어 놓는다.
❻ 접시에 감자샐러드를 담고 파슬리 가루를 뿌려 제출한다.

• 감자를 버무릴 때 부서지기 쉬우므로 너무 많이 삶지 않아야 한다.

시험시간 30분

Seafood Salad
해산물 샐러드

지급재료목록

- 새우(30~40g) 3마리 • 관자살(개당 50~60g 정도 해동 지급) 1개
- 피홍합(길이 7cm 이상) 3개 • 중합(지름 3cm 정도) 3개 • 양파(중, 150g 정도) 1/4개
- 마늘(중, 깐 것) 1쪽 • 실파(1뿌리) 20g • 그린치커리 2줄기 • 양상추 10g
- 롤라로사(lollo Rossa, 잎상추로 대체 가능) 2잎 • 올리브오일 20mL
- 레몬(길이(장축)로 등분) 1/4개 • 식초 10mL • 딜(fresh) 2줄기 • 월계수잎 1잎
- 셀러리 10g • 흰 통후추(검은 통후추 대체 가능) 3개 • 소금(정제염) 5g
- 흰후춧가루 5g • 당근(둥근 모양이 유지되게 등분) 15g

요구사항

※주어진 재료를 사용하여 다음과 같이 해산물 샐러드를 만드시오.

가. 미르포아(Mirepoix), 향신료, 레몬을 이용하여 쿠르부용(Court Bouillon)을 만드시오.
나. 해산물은 손질하여 쿠르부용(court bouillon)에 데쳐 사용하시오.
다. 샐러드 채소는 깨끗이 손질하여 싱싱하게 하시오.
라. 레몬 비네그레트는 양파, 레몬즙, 올리브오일 등을 사용하여 만드시오.

수험자 유의사항

1) 만드는 순서에 유의하며, 위생과 숙련된 기능평가를 위하여 조리작업 시 맛을 보지 않습니다.
2) 지정된 수험자지참준비물 이외의 조리기구나 재료를 시험장 내에 지참할 수 없습니다.
3) 지급재료는 시험 전 확인하여 이상이 있을 경우 시험위원으로부터 조치를 받고 시험 중에는 재료의 교환 및 추가지급은 하지 않습니다.
4) 요구사항의 규격은 "정도"의 의미를 포함하며, 지급된 재료의 크기에 따라 가감하여 채점합니다.
5) 위생상태 및 안전관리 사항을 준수합니다.
6) 다음 사항에 대해서는 채점대상에서 제외하니 특히 유의하시기 바랍니다.
   가) 기 권 – 수험자 본인이 시험 도중 시험에 대한 포기 의사를 표현하는 경우
   나) 실 격 – (1) 가스레인지 화구 2개 이상(2개 포함) 사용한 경우
   (2) 불을 사용하여 만든 조리작품이 작품특성에 벗어나는 정도로 타거나 익지 않은 경우
   (3) 시험 중 시설 · 장비(칼, 가스레인지 등) 사용 시 감독위원 및 타수험자의 시험 진행에 위협이 될 것으로 감독위원 전원이 합의하여 판단한 경우
   다) 미완성 – (1) 시험시간 내에 과제 두 가지를 제출하지 못한 경우
   (2) 문제의 요구사항대로 과제의 수량이 만들어지지 않은 경우
   라) 오 작 – (1) 구이를 찜으로 조리하는 등과 같이 완성품을 요구사항과 다르게 만든 경우
   (2) 해당과제의 지급재료 이외의 재료를 사용하거나 석쇠 등 요구사항의 조리도구를 사용하지 않은 경우
   마) 요구사항에 표시된 실격, 미완성, 오작에 해당하는 경우
7) 항목별 배점은 위생상태 및 안전관리 5점, 조리기술 30점, 작품의 평가 15점입니다.

만드는 법

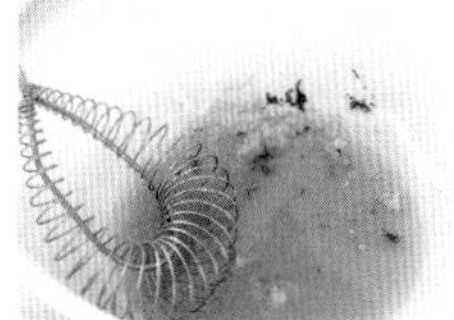

❶ 채소는 찬물에 담가 싱싱하게 만들어 놓는다.
❷ 홍합, 조개는 소금물에 해감하고 관자는 막을 제거하여 0.3cm 두께로 원형 슬라이스한다.
❸ 새우는 이쑤시개로 내장을 제거한다.
❹ 냄비에 양파, 당근, 셀러리, 월계수잎, 통후추, 레몬을 넣어 쿠르부용을 만든다.
❺ ④에 홍합, 조개, 관자, 새우를 삶아내어 새우와 관자는 찬물에 식힌다.
❻ 삶은 새우는 꼬리만 남기고 머리와 껍질을 제거한다.
❼ 믹싱볼에 레몬즙, 다진 양파, 다진 딜, 올리브오일, 식초, 소금, 후추를 섞어 레몬 비네그레트를 만든다.
❽ 비네그레트에 해물을 넣어 버무려준다.
❾ 접시에 물기제거한 채소를 깔고 위에 해산물을 보기 좋게 담는다.

• 해물은 너무 삶으면 질겨지므로 적당히 삶는 것이 중요하고 찬물에 빨리 식힌다.

시험시간 35분

Caesar salad
시저샐러드

지급재료목록

- 달걀(60g 정도, 상온에 보관한 것) 2개 • 디존 머스타드 10g
- 레몬 1개 • 로메인 상추 50g • 마늘 1쪽 • 베이컨 15g
- 앤초비 3개 • 올리브오일(extra virgin) 20mL • 카놀라오일 300mL
- 식빵(슬라이스) 1쪽 • 검은후춧가루 5g • 소금 10g
- 파미지아노 레기아노치즈(덩어리) 20g • 화이트와인식초 20ml

요구사항

※주어진 재료를 사용하여 다음과 같이 시저샐러드를 만드시오.

가. 마요네즈(100g), 시저드레싱(100g), 시저샐러드(전량)를 만들어 3가지를 각각 별도의 그릇에 담아 제출하시오.
나. 마요네즈(mayonnaise)는 달걀노른자, 카놀라오일, 레몬즙, 디존 머스터드, 화이트와인식초를 사용하여 만드시오.
다. 시저드레싱(caesar dressing)은 마요네즈, 마늘, 앤초비, 검은후춧가루, 파미지아노 레기아노, 올리브오일, 디존 머스터드, 레몬즙을 사용하여 만드시오.
라. 파미지아노 레기아노는 강판이나 채칼을 사용하시오.
마. 시저샐러드(caesar salad)는 로메인 상추, 곁들임(크루통(1×1cm), 구운 베이컨(폭 0.5cm), 파미지아노 레기아노), 시저드레싱을 사용하여 만드시오.

수험자 유의사항

1) 만드는 순서에 유의하며, 위생과 숙련된 기능평가를 위하여 조리작업 시 맛을 보지 않습니다.
2) 지정된 수험자지참준비물 이외의 조리기구나 재료를 시험장 내에 지참할 수 없습니다.
3) 지급재료는 시험 전 확인하여 이상이 있을 경우 시험위원으로부터 조치를 받고 시험 중에는 재료의 교환 및 추가지급은 하지 않습니다.
4) 요구사항의 규격은 "정도"의 의미를 포함하며, 지급된 재료의 크기에 따라 가감하여 채점합니다.
5) 위생상태 및 안전관리 사항을 준수합니다.
6) 다음 사항에 대해서는 채점대상에서 제외하니 특히 유의하시기 바랍니다.
   가) 기 권 – 수험자 본인이 시험 도중 시험에 대한 포기 의사를 표현하는 경우
   나) 실 격 – (1) 가스레인지 화구 2개 이상(2개 포함) 사용한 경우
   (2) 불을 사용하여 만든 조리작품이 작품특성에 벗어나는 정도로 타거나 익지 않은 경우
   (3) 시험 중 시설 · 장비(칼, 가스레인지 등) 사용 시 감독위원 및 타수험자의 시험 진행에 위협이 될 것으로 감독위원 전원이 합의하여 판단한 경우
   다) 미완성 – (1) 시험시간 내에 과제 두 가지를 제출하지 못한 경우
   (2) 문제의 요구사항대로 과제의 수량이 만들어지지 않은 경우
   라) 오 작 – (1) 구이를 찜으로 조리하는 등과 같이 완성품을 요구사항과 다르게 만든 경우
   (2) 해당과제의 지급재료 이외의 재료를 사용하거나 석쇠 등 요구사항의 조리도구를 사용하지 않은 경우
   마) 요구사항에 표시된 실격, 미완성, 오작에 해당하는 경우
7) 항목별 배점은 위생상태 및 안전관리 5점, 조리기술 30점, 작품의 평가 15점입니다.

만드는 법

❶ 로메인 상추는 물에 담구어 준비한 후 수분을 제거하여 먹기 좋은 크기로 썰어서 준비하고, 마늘과 엔초비는 다져서 준비한다.
❷ 식빵은 사방 1cm로 썬 후 올리브 오일을 뿌려 버무린 후 프라이팬에 넣어 갈색으로 크루통을 만든다.
❸ 베이컨은 1cm 크기로 잘라 놓은 후 프라이팬을 중불에 올려 베이컨을 볶아 바삭하게 만들어 키친타월에 올려 기름을 빼준다.
❹ 달걀은 흰자와 노른자를 분리한 후 볼에 달걀노른자 2개와 분량의 디존 머스터드와 레몬즙을 넣어 휘핑을 하고 카놀라오일을 나누어 한 방향으로 300ml를 넣어 휘핑을 한 후 화이트와인식초를 넣어 마요네즈를 완성한다.
❺ ⑤에서 완성된 마요네즈 100g을 제시하고 남은 마요네즈에 마늘, 엔초비, 검은후추를 넣어 시저드레싱을 완성한다.
❻ 볼에 시저드레싱과 먹기 좋은 크기로 썬 로메인 상추 그리고 크루통과 볶은 베이컨, 후추를 버무려 완성하여 그릇에 담고 파미지아노 레기아노를 갈아서 완성하여 제출한다.

• 루를 넣을 때 덩어리가 지지 않게 한다.

시험시간 20분

Thousand island dressing
사우전드 아일랜드 드레싱

지급재료목록

- 마요네즈 70g • 오이피클(개당 25~30g짜리) 1/2개
- 양파(중, 150g 정도) 1/6개 • 토마토케첩 20g • 소금(정제염) 2g
- 흰후춧가루 1g • 레몬(길이(장축)로 등분) 1/4개 • 달걀 1개
- 청피망(중, 75g 정도) 1/4개 • 식초 10mL

요구사항

※주어진 재료를 사용하여 다음과 같이 사우전드 아일랜드 드레싱을 만드시오.

가. 드레싱은 핑크빛이 되도록 하시오.
나. 다지는 재료는 0.2cm 정도의 크기로 하시오.
다. 드레싱은 농도를 잘 맞추어 100mL 정도 제출하시오.

수험자 유의사항

1) 만드는 순서에 유의하며, 위생과 숙련된 기능평가를 위하여 조리작업 시 맛을 보지 않습니다.
2) 지정된 수험자지참준비물 이외의 조리기구나 재료를 시험장 내에 지참할 수 없습니다.
3) 지급재료는 시험 전 확인하여 이상이 있을 경우 시험위원으로부터 조치를 받고 시험 중에는 재료의 교환 및 추가지급은 하지 않습니다.
4) 요구사항의 규격은 "정도"의 의미를 포함하며, 지급된 재료의 크기에 따라 가감하여 채점합니다.
5) 위생상태 및 안전관리 사항을 준수합니다.
6) 다음 사항에 대해서는 채점대상에서 제외하니 특히 유의하시기 바랍니다.
   가) 기　권 – 수험자 본인이 시험 도중 시험에 대한 포기 의사를 표현하는 경우
   나) 실　격 – (1) 가스레인지 화구 2개 이상(2개 포함) 사용한 경우
   (2) 불을 사용하여 만든 조리작품이 작품특성에 벗어나는 정도로 타거나 익지 않은 경우
   (3) 시험 중 시설 · 장비(칼, 가스레인지 등) 사용 시 감독위원 및 타수험자의 시험 진행에 위협이 될 것으로 감독위원 전원이 합의하여 판단한 경우
   다) 미완성 – (1) 시험시간 내에 과제 두 가지를 제출하지 못한 경우
   (2) 문제의 요구사항대로 과제의 수량이 만들어지지 않은 경우
   라) 오　작 – (1) 구이를 찜으로 조리하는 등과 같이 완성품을 요구사항과 다르게 만든 경우
   (2) 해당과제의 지급재료 이외의 재료를 사용하거나 석쇠 등 요구사항의 조리도구를 사용하지 않은 경우
   마) 요구사항에 표시된 실격, 미완성, 오작에 해당하는 경우
7) 항목별 배점은 위생상태 및 안전관리 5점, 조리기술 30점, 작품의 평가 15점입니다.

만드는 법

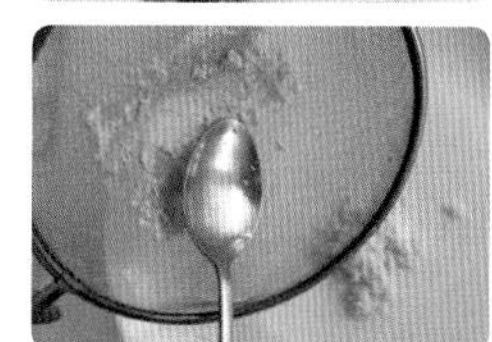

❶ 달걀은 12분 정도 뜨거운 물에 굴리면서 삶아 찬물에 식힌 후 흰자는 0.2cm로 다지고 노른자는 체에 내린다.
❷ 양파, 청피망, 오이피클을 0.2cm 크기로 다져놓는다.
❸ 믹싱볼에 ①, ②를 넣고 레몬즙, 식초, 소금, 후추, 마요네즈, 토마토케첩을 넣어 핑크색이 나오게 잘 섞어준다.
❹ 그릇에 드레싱을 담아 제출한다.

• 맛과 농도를 조절할 때는 피클주스를 활용한다.

시험시간 30분

Fish meuniere
피시 뮈니엘

지급재료목록

- 가자미(250~300g 정도 해동 지급) 1마리 • 밀가루(중력분) 30g
- 버터(무염) 50g • 소금(정제염) 2g • 흰후춧가루 2g
- 레몬(길이(장축)로 등분) 1/2개 • 파슬리(잎, 줄기 포함) 1줄기

요구사항

※주어진 재료를 사용하여 다음과 같이 피시 뮈니엘을 만드시오.

가. 생선은 5장뜨기로 길이를 일정하게 하여 4쪽을 구워 내시오.
나. 버터, 레몬, 파슬리를 이용하여 소스를 만들어 사용하시오.
다. 레몬과 파슬리를 곁들여 내시오.

수험자 유의사항

1) 만드는 순서에 유의하며, 위생과 숙련된 기능평가를 위하여 조리작업 시 맛을 보지 않습니다.
2) 지정된 수험자지참준비물 이외의 조리기구나 재료를 시험장 내에 지참할 수 없습니다.
3) 지급재료는 시험 전 확인하여 이상이 있을 경우 시험위원으로부터 조치를 받고 시험 중에는 재료의 교환 및 추가지급은 하지 않습니다.
4) 요구사항의 규격은 "정도"의 의미를 포함하며, 지급된 재료의 크기에 따라 가감하여 채점합니다.
5) 위생상태 및 안전관리 사항을 준수합니다.
6) 다음 사항에 대해서는 채점대상에서 제외하니 특히 유의하시기 바랍니다.
   가) 기 권 – 수험자 본인이 시험 도중 시험에 대한 포기 의사를 표현하는 경우
   나) 실 격 – (1) 가스레인지 화구 2개 이상(2개 포함) 사용한 경우
   (2) 불을 사용하여 만든 조리작품이 작품특성에 벗어나는 정도로 타거나 익지 않은 경우
   (3) 시험 중 시설 · 장비(칼, 가스레인지 등) 사용 시 감독위원 및 타수험자의 시험 진행에 위협이 될 것으로 감독위원 전원이 합의하여 판단한 경우
   다) 미완성 – (1) 시험시간 내에 과제 두 가지를 제출하지 못한 경우
   (2) 문제의 요구사항대로 과제의 수량이 만들어지지 않은 경우
   라) 오 작 – (1) 구이를 찜으로 조리하는 등과 같이 완성품을 요구사항과 다르게 만든 경우
   (2) 해당과제의 지급재료 이외의 재료를 사용하거나 석쇠 등 요구사항의 조리도구를 사용하지 않은 경우
   마) 요구사항에 표시된 실격, 미완성, 오작에 해당하는 경우
7) 항목별 배점은 위생상태 및 안전관리 5점, 조리기술 30점, 작품의 평가 15점입니다.

만드는 법

❶ 가자미는 머리와 내장을 제거하여 깨끗이 씻어 물기를 제거한 후 5장 뜨기를 하여 껍질을 제거하고 소금, 후추로 간을 한다.
❷ 파슬리는 곱게 다져 소창으로 싸서 찬물에 헹궈 물기를 제거한다.
❸ 가자미살에 밀가루를 묻혀 버터 두른 팬에 노릿노릿하게 구워낸다.
❹ 구워낸 팬에 버터를 녹이고 레몬즙과 소금, 후추를 넣어 레몬버터소스를 만든다.
❺ ④에 파슬리 다진 것을 섞어 생선살에 끼얹는다.
❻ 레몬웨지와 파슬리로 장식하여 제출한다.

TIP

• 버터소스는 팬에 불을 약하게 하여 버터가 타지 않게 하는 것이 중요하다.

시험시간 40분

Sole mornay
솔모르네

지급재료목록

- 가자미(250~300g 정도 해동 지급) 1마리
- 치즈(가로, 세로 8cm 정도) 1장 • 카이엔페퍼 2g
- 밀가루(중력분) 30g • 버터(무염) 50g • 우유 200mL
- 양파(중, 150g 정도) 1/3개 • 정향 1개 • 레몬(길이(장축)로 등분) 1/4개
- 월계수잎 1잎 • 파슬리(잎, 줄기 포함) 1줄기
- 흰 통후추(검은 통후추 대체 가능) 3개 • 소금(정제염) 2g

요구사항

※주어진 재료를 사용하여 다음과 같이 솔모르네를 만드시오.

가. 피시스톡(fish stock)을 만들어 생선을 포우칭(poaching)하시오.
나. 베샤멜소스(bechamel sauce)를 만들어 치즈를 넣고 모르네소스(mornay sauce)를 만드시오.
다. 생선은 5장뜨기하고, 수량은 같은 크기로 4개 제출하시오.
라. 카이엔페퍼를 뿌려내시오.

수험자 유의사항

1) 만드는 순서에 유의하며, 위생과 숙련된 기능평가를 위하여 조리작업 시 맛을 보지 않습니다.
2) 지정된 수험자지참준비물 이외의 조리기구나 재료를 시험장 내에 지참할 수 없습니다.
3) 지급재료는 시험 전 확인하여 이상이 있을 경우 시험위원으로부터 조치를 받고 시험 중에는 재료의 교환 및 추가지급은 하지 않습니다.
4) 요구사항의 규격은 "정도"의 의미를 포함하며, 지급된 재료의 크기에 따라 가감하여 채점합니다.
5) 위생상태 및 안전관리 사항을 준수합니다.
6) 다음 사항에 대해서는 채점대상에서 제외하니 특히 유의하시기 바랍니다.
   가) 기　권 – 수험자 본인이 시험 도중 시험에 대한 포기 의사를 표현하는 경우
   나) 실　격 – (1) 가스레인지 화구 2개 이상(2개 포함) 사용한 경우
   (2) 불을 사용하여 만든 조리작품이 작품특성에 벗어나는 정도로 타거나 익지 않은 경우
   (3) 시험 중 시설 · 장비(칼, 가스레인지 등) 사용 시 감독위원 및 타수험자의 시험 진행에 위협이 될 것으로 감독위원 전원이 합의하여 판단한 경우
   다) 미완성 – (1) 시험시간 내에 과제 두 가지를 제출하지 못한 경우
   (2) 문제의 요구사항대로 과제의 수량이 만들어지지 않은 경우
   라) 오　작 – (1) 구이를 찜으로 조리하는 등과 같이 완성품을 요구사항과 다르게 만든 경우
   (2) 해당과제의 지급재료 이외의 재료를 사용하거나 석쇠 등 요구사항의 조리도구를 사용하지 않은 경우
   마) 요구사항에 표시된 실격, 미완성, 오작에 해당하는 경우
7) 항목별 배점은 위생상태 및 안전관리 5점, 조리기술 30점, 작품의 평가 15점입니다.

만드는 법

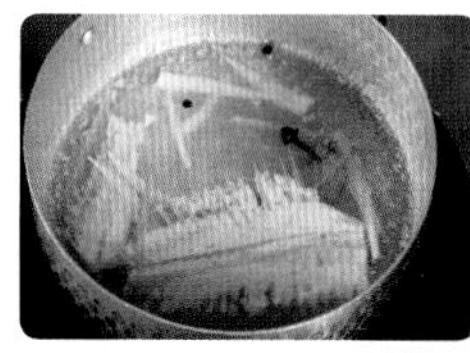

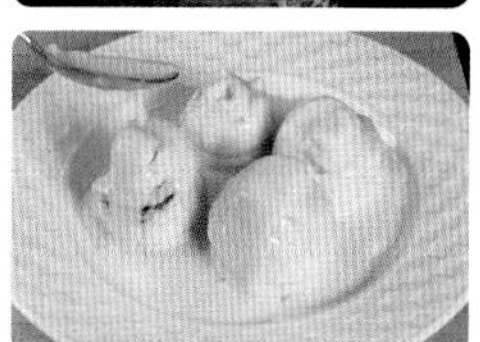

❶ 가자미는 머리와 내장을 제거하여 깨끗이 씻어 물기를 제거한 후 5장 뜨기를 하여 껍질을 제거하고 소금, 후추로 간을 한다.
❷ 생선뼈는 찬물에 담가 핏물을 제거한 후 냄비에 버터를 두르고 생선뼈를 볶은 후 양파, 통후추, 파슬리 줄기, 물을 넣어 끓여서 불순물을 제거하고 생선스톡을 만든다.
❸ 냄비에 버터와 밀가루 1 : 1 동량으로 화이트 루를 만들고 우유를 조금씩 넣어가며 잘 저어 양파, 정향, 월계수잎을 넣어 은은하게 끓여 베샤멜소스를 만든다.
❹ ③을 체에 내린 후 소금, 후추와 치즈를 넣어 모르네를 만든다.
❺ 냄비에 다진 양파를 깔고 말은 생선살을 놓고 생선스톡을 1/5 잠기게 하여 뚜껑을 덮어 포칭한다.
❻ 포칭한 생선살을 접시에 가지런히 담고 ④번 소스를 뿌린 후 카이엔페퍼를 뿌려 제출한다.

• 생선을 너무 오래 삶으면 작아지고 뻑뻑하여 맛이 떨어진다.
• 소스 농도는 너무 되지도, 묽지도 않아야 한다.

시험시간 25분

French fried shrimp
프렌치프라이드 쉬림프

지급재료목록

- 새우(50~60g) 4마리 • 밀가루(중력분) 80g • 흰설탕 2g
- 달걀 1개 • 소금(정제염) 2g • 흰후춧가루 2g • 식용유 500mL
- 레몬(길이(장축)로 등분) 1/6개 • 파슬리(잎, 줄기 포함) 1줄기
- 냅킨(흰색, 기름제거용) 2장 • 이쑤시개 1개

요구사항

※주어진 재료를 사용하여 다음과 같이 프렌치프라이드쉬림프를 만드시오.

가. 새우는 꼬리쪽에서 1마디 정도 껍질을 남겨 구부러지지 않게 튀기시오.
나. 새우튀김은 4개를 제출하시오.
다. 레몬과 파슬리를 곁들이시오.

수험자 유의사항

1) 만드는 순서에 유의하며, 위생과 숙련된 기능평가를 위하여 조리작업 시 맛을 보지 않습니다.
2) 지정된 수험자지참준비물 이외의 조리기구나 재료를 시험장 내에 지참할 수 없습니다.
3) 지급재료는 시험 전 확인하여 이상이 있을 경우 시험위원으로부터 조치를 받고 시험 중에는 재료의 교환 및 추가지급은 하지 않습니다.
4) 요구사항의 규격은 "정도"의 의미를 포함하며, 지급된 재료의 크기에 따라 가감하여 채점합니다.
5) 위생상태 및 안전관리 사항을 준수합니다.
6) 다음 사항에 대해서는 채점대상에서 제외하니 특히 유의하시기 바랍니다.
   가) 기　권 – 수험자 본인이 시험 도중 시험에 대한 포기 의사를 표현하는 경우
   나) 실　격 – (1) 가스레인지 화구 2개 이상(2개 포함) 사용한 경우
   (2) 불을 사용하여 만든 조리작품이 작품특성에 벗어나는 정도로 타거나 익지 않은 경우
   (3) 시험 중 시설 · 장비(칼, 가스레인지 등) 사용 시 감독위원 및 타수험자의 시험 진행에 위협이 될 것으로 감독위원 전원이 합의하여 판단한 경우
   다) 미완성 – (1) 시험시간 내에 과제 두 가지를 제출하지 못한 경우
   (2) 문제의 요구사항대로 과제의 수량이 만들어지지 않은 경우
   라) 오　작 – (1) 구이를 찜으로 조리하는 등과 같이 완성품을 요구사항과 다르게 만든 경우
   (2) 해당과제의 지급재료 이외의 재료를 사용하거나 석쇠 등 요구사항의 조리도구를 사용하지 않은 경우
   마) 요구사항에 표시된 실격, 미완성, 오작에 해당하는 경우
7) 항목별 배점은 위생상태 및 안전관리 5점, 조리기술 30점, 작품의 평가 15점입니다.

만드는 법

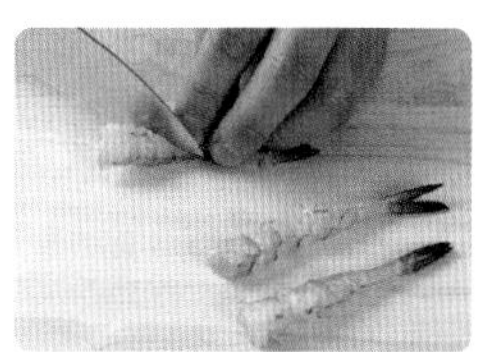

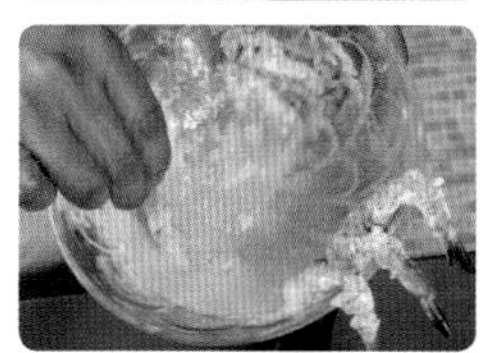

❶ 레몬은 웨지로 썰고 파슬리는 찬물에 담가 싱싱하게 한다.
❷ 새우는 꼬리를 남기고 머리와 껍질을 제거한 후 이쑤시개로 내장을 제거한다.
❸ 새우를 튀길 때 구부러지지 않도록 배쪽에 칼집을 넣고 소금, 후추로 간을 한다.
❹ 달걀 흰자를 믹싱볼에서 거품을 낸다.
❺ 밀가루, 달걀 노른자, 설탕, 찬물, 소금, 후추를 반죽하여 ④를 첨가하여 잘 섞는다.
❻ 새우는 밀가루 발라 ⑤를 묻혀 180℃ 온도에서 튀겨낸다.
❼ 튀겨낸 새우는 기름기를 제거한 후 접시 중앙에 놓고 레몬과 파슬리로 장식한다.

• 새우를 튀길 때 구부러지지 않게 배쪽에 칼집을 정확히 넣는다.
• 반죽이 덩어리지지 않고 부드럽게 나와야 한다.

시험시간 40분

barbecued pork chop
바비큐 폭찹

지급재료목록

- 돼지갈비(살두께 5cm 이상, 뼈를 포함한 길이 10cm) 200g
- 토마토케첩 30g • 우스터 소스 5mL • 황설탕 10g
- 양파(중, 150g 정도) 1/4개 • 소금(정제염) 2g • 검은후춧가루 2g
- 셀러리 30g • 핫 소스 5mL • 버터(무염) 10g • 식초 10mL
- 월계수잎 1잎 • 밀가루(중력분) 10g
- 레몬(길이(장축)로 등분) 1/6개 • 마늘(중, 깐 것) 1쪽
- 비프스톡(육수)(물로 대체 가능) 200mL • 식용유 30mL

요구사항

※주어진 재료를 사용하여 다음과 같이 바비큐 폭찹을 만드시오.

가. 고기는 뼈가 붙은 채로 사용하고 고기의 두께는 1cm 정도로 하시오.
나. 양파, 셀러리, 마늘은 다져 소스로 만드시오.
다. 완성된 소스는 농도에 유의하고 윤기가 나도록 하시오.

수험자 유의사항

1) 만드는 순서에 유의하며, 위생과 숙련된 기능평가를 위하여 조리작업 시 맛을 보지 않습니다.
2) 지정된 수험자지참준비물 이외의 조리기구나 재료를 시험장 내에 지참할 수 없습니다.
3) 지급재료는 시험 전 확인하여 이상이 있을 경우 시험위원으로부터 조치를 받고 시험 중에는 재료의 교환 및 추가지급은 하지 않습니다.
4) 요구사항의 규격은 "정도"의 의미를 포함하며, 지급된 재료의 크기에 따라 가감하여 채점합니다.
5) 위생상태 및 안전관리 사항을 준수합니다.
6) 다음 사항에 대해서는 채점대상에서 제외하니 특히 유의하시기 바랍니다.
   가) 기　권 – 수험자 본인이 시험 도중 시험에 대한 포기 의사를 표현하는 경우
   나) 실　격 – (1) 가스레인지 화구 2개 이상(2개 포함) 사용한 경우
   (2) 불을 사용하여 만든 조리작품이 작품특성에 벗어나는 정도로 타거나 익지 않은 경우
   (3) 시험 중 시설 · 장비(칼, 가스레인지 등) 사용 시 감독위원 및 타수험자의 시험 진행에 위협이 될 것으로 감독위원 전원이 합의하여 판단한 경우
   다) 미완성 – (1) 시험시간 내에 과제 두 가지를 제출하지 못한 경우
   (2) 문제의 요구사항대로 과제의 수량이 만들어지지 않은 경우
   라) 오　작 – (1) 구이를 찜으로 조리하는 등과 같이 완성품을 요구사항과 다르게 만든 경우
   (2) 해당과제의 지급재료 이외의 재료를 사용하거나 석쇠 등 요구사항의 조리도구를 사용하지 않은 경우
   마) 요구사항에 표시된 실격, 미완성, 오작에 해당하는 경우
7) 항목별 배점은 위생상태 및 안전관리 5점, 조리기술 30점, 작품의 평가 15점입니다.

만드는 법

❶ 돼지갈비는 기름기를 제거하고 칼집을 넣어 1cm 정도 두께로 잘 펴서 소금, 후추로 간을 한다.
❷ 마늘, 양파, 셀러리는 0.2cm 정도로 곱게 다진다.
❸ 돼지갈비를 밀가루를 묻힌 후 팬에 누릿하게 구워낸다.
❹ 냄비에 버터를 두르고 다진 마늘, 다진 양파, 다진 셀러리를 넣어 볶은 다음 식초, 황설탕, 케첩, 우스터소스, 핫소스, 월계수잎, 레몬즙, 물을 넣어 은은하게 끓인다.
❺ ④에 구운 돼지갈비를 넣고 익을 때까지 졸여준다.
❻ 고기가 익으면 월계수잎을 건져내고 접시에 담아 제출한다.

- 고기를 구울 때 육즙이 나오지 않게 한다.
- 바비큐 소스는 새콤달콤하면서 윤기가 있어야 한다.

시험시간 40분

Beef stew
비프스튜

지급재료목록

- 소고기(살코기 덩어리) 100g • 당근(둥근 모양이 유지되게 등분) 70g
- 양파(중, 150g 정도) 1/4개 • 셀러리 30g • 감자(150g 정도) 1/3개
- 마늘(중, 깐 것) 1쪽 • 토마토 페이스트 20g • 밀가루(중력분) 25g
- 버터(무염) 30g • 소금(정제염) 2g • 검은후춧가루 2g
- 파슬리(잎, 줄기 포함) 1줄기 • 월계수잎 1잎 • 정향 1개

요구사항

※주어진 재료를 사용하여 다음과 같이 비프스튜를 만드시오.

가. 완성된 소고기와 채소의 크기는 1.8cm 정도의 정육면체로 하시오.
나. 브라운 루(Brown roux)를 만들어 사용하시오.
다. 파슬리 다진 것을 뿌려 내시오.

수험자 유의사항

1) 만드는 순서에 유의하며, 위생과 숙련된 기능평가를 위하여 조리작업 시 맛을 보지 않습니다.
2) 지정된 수험자지참준비물 이외의 조리기구나 재료를 시험장 내에 지참할 수 없습니다.
3) 지급재료는 시험 전 확인하여 이상이 있을 경우 시험위원으로부터 조치를 받고 시험 중에는 재료의 교환 및 추가지급은 하지 않습니다.
4) 요구사항의 규격은 "정도"의 의미를 포함하며, 지급된 재료의 크기에 따라 가감하여 채점합니다.
5) 위생상태 및 안전관리 사항을 준수합니다.
6) 다음 사항에 대해서는 채점대상에서 제외하니 특히 유의하시기 바랍니다.
   가) 기　권 – 수험자 본인이 시험 도중 시험에 대한 포기 의사를 표현하는 경우
   나) 실　격 – (1) 가스레인지 화구 2개 이상(2개 포함) 사용한 경우
   (2) 불을 사용하여 만든 조리작품이 작품특성에 벗어나는 정도로 타거나 익지 않은 경우
   (3) 시험 중 시설 · 장비(칼, 가스레인지 등) 사용 시 감독위원 및 타수험자의 시험 진행에 위협이 될 것으로 감독위원 전원이 합의하여 판단한 경우
   다) 미완성 – (1) 시험시간 내에 과제 두 가지를 제출하지 못한 경우
   (2) 문제의 요구사항대로 과제의 수량이 만들어지지 않은 경우
   라) 오　작 – (1) 구이를 찜으로 조리하는 등과 같이 완성품을 요구사항과 다르게 만든 경우
   (2) 해당과제의 지급재료 이외의 재료를 사용하거나 석쇠 등 요구사항의 조리도구를 사용하지 않은 경우
   마) 요구사항에 표시된 실격, 미완성, 오작에 해당하는 경우
7) 항목별 배점은 위생상태 및 안전관리 5점, 조리기술 30점, 작품의 평가 15점입니다.

만드는 법

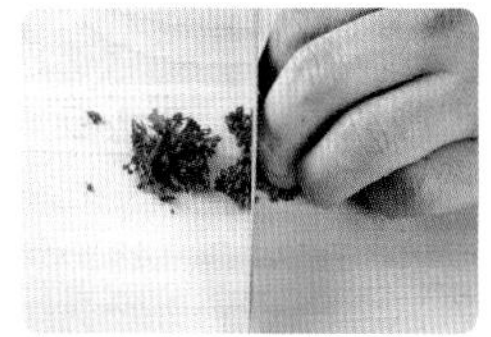

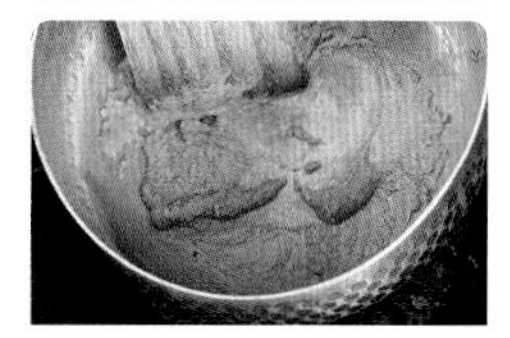

❶ 소고기는 사방 2cm 정육면체로 썰어 소금, 후추로 간을 한 후 밀가루를 묻혀 놓는다.
❷ 감자는 껍질을 벗겨 1.8cm 정육면체로 썰어 물에 담가 놓는다.
❸ 양파, 당근, 셀러리는 1.8cm 정육면체로 썰어 놓는다.
❹ 마늘은 곱게 다져놓고 파슬리는 다져서 소창에 싸 헹궈 물기를 제거한다.
❺ 냄비에 버터와 밀가루 1 : 1 동량으로 갈색이 나도록 볶아 브라운 루를 만들어 놓는다.
❻ 냄비에 버터를 넣고 다진 마늘, 양파, 당근, 감자, 셀러리 순으로 볶다가 쇠고기를 넣어 갈색이 나도록 볶아낸다.
❼ 팬에 버터를 넣고 토마토 페이스트를 넣어 볶다가 육수와 ⑤, ⑥을 넣고 부케가르니(월계수잎, 정향, 파슬리)를 넣어 은은하게 끓이면서 저어준다.
❽ 농도가 어느 정도 나오면 부케가르니를 건져내고 소금, 후추로 간을 한다.
❾ 그릇에 담아 파슬리가루를 뿌려 제출한다.

TIP

• 감자가 너무 익으면 으깨지므로 적당히 삶아야 하며 채소 크기는 일정해야 한다.

시험시간 40분

Salisbury steak
살리스버리 스테이크

지급재료목록

- 소고기(살코기 갈은 것) 130g • 양파(중, 150g 정도) 1/6개
- 달걀 1개 • 우유 10mL • 빵가루(마른 것) 20g • 소금(정제염) 2g
- 검은후춧가루 2g • 식용유 150mL • 감자(150g 정도) 1/2개
- 당근(둥근 모양이 유지되게 등분) 70g • 시금치 70g
- 흰설탕 25g • 버터(무염) 50g

요구사항

※주어진 재료를 사용하여 다음과 같이 살리스버리 스테이크를 만드시오.

가. 살리스버리 스테이크는 타원형으로 만들어 고기 앞, 뒤의 색을 갈색으로 구우시오.
나. 더운 채소(당근, 감자, 시금치)를 각각 모양 있게 만들어 곁들여 내시오.

수험자 유의사항

1) 만드는 순서에 유의하며, 위생과 숙련된 기능평가를 위하여 조리작업 시 맛을 보지 않습니다.
2) 지정된 수험자지참준비물 이외의 조리기구나 재료를 시험장 내에 지참할 수 없습니다.
3) 지급재료는 시험 전 확인하여 이상이 있을 경우 시험위원으로부터 조치를 받고 시험 중에는 재료의 교환 및 추가지급은 하지 않습니다.
4) 요구사항의 규격은 "정도"의 의미를 포함하며, 지급된 재료의 크기에 따라 가감하여 채점합니다.
5) 위생상태 및 안전관리 사항을 준수합니다.
6) 다음 사항에 대해서는 채점대상에서 제외하니 특히 유의하시기 바랍니다.
   가) 기 권 – 수험자 본인이 시험 도중 시험에 대한 포기 의사를 표현하는 경우
   나) 실 격 – (1) 가스레인지 화구 2개 이상(2개 포함) 사용한 경우
   (2) 불을 사용하여 만든 조리작품이 작품특성에 벗어나는 정도로 타거나 익지 않은 경우
   (3) 시험 중 시설 · 장비(칼, 가스레인지 등) 사용 시 감독위원 및 타수험자의 시험 진행에 위협이 될 것으로 감독위원 전원이 합의하여 판단한 경우
   다) 미완성 – (1) 시험시간 내에 과제 두 가지를 제출하지 못한 경우
   (2) 문제의 요구사항대로 과제의 수량이 만들어지지 않은 경우
   라) 오 작 – (1) 구이를 찜으로 조리하는 등과 같이 완성품을 요구사항과 다르게 만든 경우
   (2) 해당과제의 지급재료 이외의 재료를 사용하거나 석쇠 등 요구사항의 조리도구를 사용하지 않은 경우
   마) 요구사항에 표시된 실격, 미완성, 오작에 해당하는 경우
7) 항목별 배점은 위생상태 및 안전관리 5점, 조리기술 30점, 작품의 평가 15점입니다.

만드는 법

❶ 양파, 마늘은 곱게 다져 놓는다.
❷ 감자는 껍질 제거 후 가로, 세로 1×1cm, 길이 5cm로 썰어 물에 담가 놓는다.
❸ 당근은 0.5cm 두께로 썰어 모서리를 다듬고 비행접시모양으로 한다.
❹ 끓는 소금물에 감자, 당근을 삶아내고 시금치를 데쳐내어 찬물에 식힌다.
❺ 믹싱볼에 다진 소고기, 볶은 양파, 볶은 마늘, 달걀, 빵가루, 우유, 소금, 후추를 넣어 찰지게 반죽을 치댄다.
❻ ⑤를 두께 1.5cm, 길이 13cm, 폭 9cm 정도의 타원 모양의 스테이크를 만든다.
❼ 팬에 버터를 두르고 양파 찹을 볶다가 시금치를 넣고 소금, 후추로 볶아낸다.
❽ 감자는 180℃ 기름에 튀겨서 소금, 후추로 간을 한다.
❾ 팬에 버터, 설탕, 소금, 후추, 레몬즙을 넣고 당근을 졸인다.
❿ ⑥을 갈색이 나게 팬에서 앞뒤로 익혀 구워낸다.
⓫ 접시 위쪽으로 야채를 담고 중앙에 스테이크를 놓아 제출한다.

• 스테이크는 구우면 볼록해지므로 가운데를 눌러 홈을 만들어 굽는다.
• 스테이크는 오래 치대면 찰지기 때문에 깨지지 않고 모양이 유지된다.

시험시간 30분

Sirloin steak
서로인 스테이크

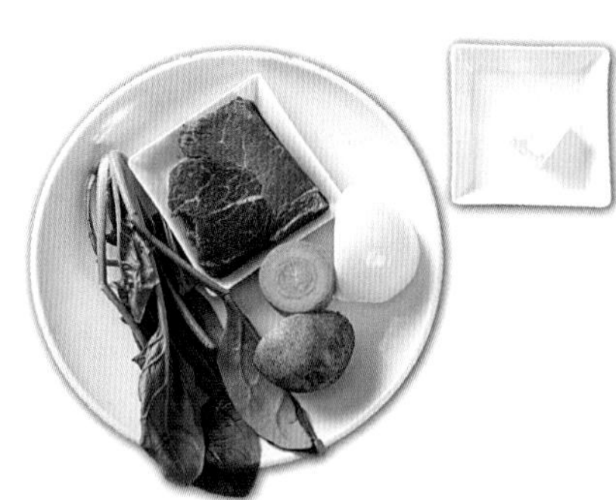

지급재료목록

- 소고기(등심 덩어리) 200g • 감자(150g 정도) 1/2개
- 당근(둥근 모양이 유지되게 등분) 70g • 시금치 70g
- 소금(정제염) 2g • 검은후춧가루 1g • 식용유 150mL
- 버터(무염) 50g • 흰설탕 25g • 양파(중, 150g 정도) 1/6개

요구사항

※주어진 재료를 사용하여 다음과 같이 서로인 스테이크를 만드시오.

가. 스테이크는 미디움(medium)으로 구우시오.

나. 더운 채소(당근, 감자, 시금치)를 각각 모양 있게 만들어 함께 내시오.

수험자 유의사항

1) 만드는 순서에 유의하며, 위생과 숙련된 기능평가를 위하여 조리작업 시 맛을 보지 않습니다.
2) 지정된 수험자지참준비물 이외의 조리기구나 재료를 시험장 내에 지참할 수 없습니다.
3) 지급재료는 시험 전 확인하여 이상이 있을 경우 시험위원으로부터 조치를 받고 시험 중에는 재료의 교환 및 추가지급은 하지 않습니다.
4) 요구사항의 규격은 "정도"의 의미를 포함하며, 지급된 재료의 크기에 따라 가감하여 채점합니다.
5) 위생상태 및 안전관리 사항을 준수합니다.
6) 다음 사항에 대해서는 채점대상에서 제외하니 특히 유의하시기 바랍니다.
   가) 기 권 – 수험자 본인이 시험 도중 시험에 대한 포기 의사를 표현하는 경우
   나) 실 격 – (1) 가스레인지 화구 2개 이상(2개 포함) 사용한 경우
   (2) 불을 사용하여 만든 조리작품이 작품특성에 벗어나는 정도로 타거나 익지 않은 경우
   (3) 시험 중 시설 · 장비(칼, 가스레인지 등) 사용 시 감독위원 및 타수험자의 시험 진행에 위협이 될 것으로 감독위원 전원이 합의하여 판단한 경우
   다) 미완성 – (1) 시험시간 내에 과제 두 가지를 제출하지 못한 경우
   (2) 문제의 요구사항대로 과제의 수량이 만들어지지 않은 경우
   라) 오 작 – (1) 구이를 찜으로 조리하는 등과 같이 완성품을 요구사항과 다르게 만든 경우
   (2) 해당과제의 지급재료 이외의 재료를 사용하거나 석쇠 등 요구사항의 조리도구를 사용하지 않은 경우
   마) 요구사항에 표시된 실격, 미완성, 오작에 해당하는 경우
7) 항목별 배점은 위생상태 및 안전관리 5점, 조리기술 30점, 작품의 평가 15점입니다.

만드는 법

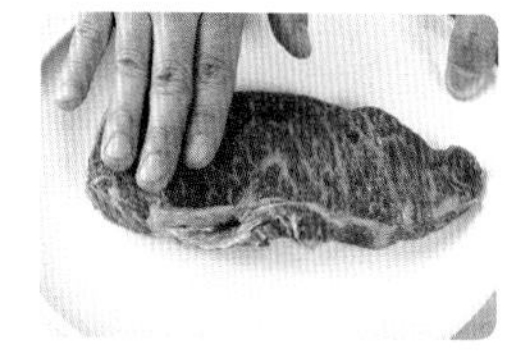

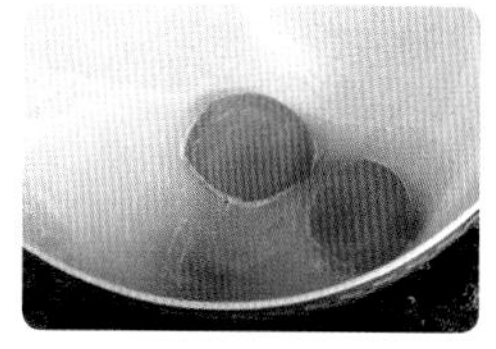

❶ 양파, 마늘은 곱게 다져 놓는다.
❷ 감자는 껍질 제거 후 가로, 세로 1×1cm, 길이 5cm로 썰어 물에 담가 놓는다.
❸ 당근은 0.5cm 두께로 썰어 모서리를 다듬고 비행접시 모양으로 한다.
❹ 끓는 소금물에 감자, 당근을 삶아내고 시금치를 데쳐내어 찬물에 식힌다.
❺ 등심은 손질하여 지방을 제거하고 소금, 후추를 뿌려 간을 한다.
❻ 팬에 버터를 두르고 양파 찹을 볶다가 시금치를 넣고 소금, 후추로 볶아낸다.
❼ 감자는 180℃ 기름에 튀겨서 소금, 후추로 간을 한다.
❽ 팬에 버터, 설탕, 소금, 후추, 레몬즙을 넣고 당근을 졸인다.
❾ ⑤를 갈색이 나게 팬에서 앞뒤로 미디움이 되게 구워낸다.
❿ 접시 위쪽으로 야채를 담고 중앙에 스테이크를 놓아 제출한다.

TIP

• 스테이크는 너무 익으면 뻑뻑하므로 미디움으로 구워낸다.

시험시간 30분

Chicken cutlet
치킨 커틀렛

지급재료목록

- 닭다리(한마리, 1.2kg 정도, 허벅지살 포함) 1개 • 달걀 1개
- 밀가루(중력분) 30g • 빵가루(마른 것) 50g • 소금(정제염) 2g
- 검은후춧가루 2g • 식용유 500mL • 냅킨(흰색, 기름제거용) 2장

요구사항

※주어진 재료를 사용하여 다음과 같이 치킨 커틀렛을 만드시오.

가. 닭은 껍질채 사용하시오.
나. 완성된 커틀렛의 색에 유의하고 두께는 1cm 정도로 하시오.
다. 딥팻후라이(deep fat frying)로 하시오.

수험자 유의사항

1) 만드는 순서에 유의하며, 위생과 숙련된 기능평가를 위하여 조리작업 시 맛을 보지 않습니다.
2) 지정된 수험자지참준비물 이외의 조리기구나 재료를 시험장 내에 지참할 수 없습니다.
3) 지급재료는 시험 전 확인하여 이상이 있을 경우 시험위원으로부터 조치를 받고 시험 중에는 재료의 교환 및 추가지급은 하지 않습니다.
4) 요구사항의 규격은 "정도"의 의미를 포함하며, 지급된 재료의 크기에 따라 가감하여 채점합니다.
5) 위생상태 및 안전관리 사항을 준수합니다.
6) 다음 사항에 대해서는 채점대상에서 제외하니 특히 유의하시기 바랍니다.
   가) 기 권 – 수험자 본인이 시험 도중 시험에 대한 포기 의사를 표현하는 경우
   나) 실 격 – (1) 가스레인지 화구 2개 이상(2개 포함) 사용한 경우
   (2) 불을 사용하여 만든 조리작품이 작품특성에 벗어나는 정도로 타거나 익지 않은 경우
   (3) 시험 중 시설 · 장비(칼, 가스레인지 등) 사용 시 감독위원 및 타수험자의 시험 진행에 위협이 될 것으로 감독위원 전원이 합의하여 판단한 경우
   다) 미완성 – (1) 시험시간 내에 과제 두 가지를 제출하지 못한 경우
   (2) 문제의 요구사항대로 과제의 수량이 만들어지지 않은 경우
   라) 오 작 – (1) 구이를 찜으로 조리하는 등과 같이 완성품을 요구사항과 다르게 만든 경우
   (2) 해당과제의 지급재료 이외의 재료를 사용하거나 석쇠 등 요구사항의 조리도구를 사용하지 않은 경우
   마) 요구사항에 표시된 실격, 미완성, 오작에 해당하는 경우
7) 항목별 배점은 위생상태 및 안전관리 5점, 조리기술 30점, 작품의 평가 15점입니다.

만드는 법

❶ 닭다리 살은 뼈를 제거하고 0.7cm 두께로 고루 펴서 소금, 후추로 간을 한다.
❷ 달걀은 풀어서 준비한다.
❸ 닭다리 살을 밀가루, 달걀, 빵가루 순으로 고루 묻혀 180℃ 기름에 익혀 노릇노릇하게 튀겨낸다.
❹ 기름기를 제거하여 접시에 담아 제출한다.

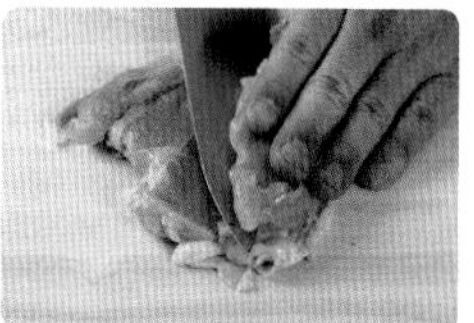

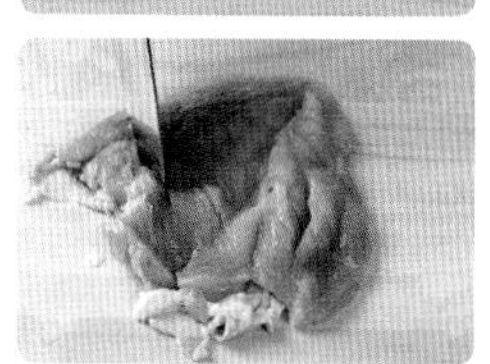

TIP

• 고기의 두께는 1cm 정도가 적당하며 노란 갈색을 내야 한다.

시험시간 30분

Chicken a'la king
치킨알라킹

지급재료목록

- 닭다리(한 마리, 1.2kg 정도 허벅지살 포함) 1개
- 청피망(중, 75g 정도) 1/4개 • 홍피망(중, 75g 정도) 1/6개
- 양파(중, 150g 정도) 1/6개 • 양송이(2개) 20g • 버터(무염) 20g
- 밀가루(중력분) 15g • 우유 150mL • 정향 1개 • 생크림(조리용) 20mL
- 소금(정제염) 2g • 흰후춧가루2g • 월계수잎 1잎

요구사항

※주어진 재료를 사용하여 다음과 같이 치킨알라킹을 만드시오.

가. 완성된 닭고기와 채소, 버섯의 크기는 1.8×1.8cm 정도로 균일하게 하시오.
나. 닭뼈를 이용하여 치킨 육수를 만들어 사용하시오.
다. 화이트 루(roux)를 이용하여 베샤멜소스(bechamel sauce)를 만들어 사용하시오.

수험자 유의사항

1) 만드는 순서에 유의하며, 위생과 숙련된 기능평가를 위하여 조리작업 시 맛을 보지 않습니다.
2) 지정된 수험자지참준비물 이외의 조리기구나 재료를 시험장 내에 지참할 수 없습니다.
3) 지급재료는 시험 전 확인하여 이상이 있을 경우 시험위원으로부터 조치를 받고 시험 중에는 재료의 교환 및 추가지급은 하지 않습니다.
4) 요구사항의 규격은 "정도"의 의미를 포함하며, 지급된 재료의 크기에 따라 가감하여 채점합니다.
5) 위생상태 및 안전관리 사항을 준수합니다.
6) 다음 사항에 대해서는 채점대상에서 제외하니 특히 유의하시기 바랍니다.
   가) 기 권 – 수험자 본인이 시험 도중 시험에 대한 포기 의사를 표현하는 경우
   나) 실 격 – (1) 가스레인지 화구 2개 이상(2개 포함) 사용한 경우
   (2) 불을 사용하여 만든 조리작품이 작품특성에 벗어나는 정도로 타거나 익지 않은 경우
   (3) 시험 중 시설 · 장비(칼, 가스레인지 등) 사용 시 감독위원 및 타수험자의 시험 진행에 위협이 될 것으로 감독위원 전원이 합의하여 판단한 경우
   다) 미완성 – (1) 시험시간 내에 과제 두 가지를 제출하지 못한 경우
   (2) 문제의 요구사항대로 과제의 수량이 만들어지지 않은 경우
   라) 오 작 – (1) 구이를 찜으로 조리하는 등과 같이 완성품을 요구사항과 다르게 만든 경우
   (2) 해당과제의 지급재료 이외의 재료를 사용하거나 석쇠 등 요구사항의 조리도구를 사용하지 않은 경우
   마) 요구사항에 표시된 실격, 미완성, 오작에 해당하는 경우
7) 항목별 배점은 위생상태 및 안전관리 5점, 조리기술 30점, 작품의 평가 15점입니다.

만드는 법

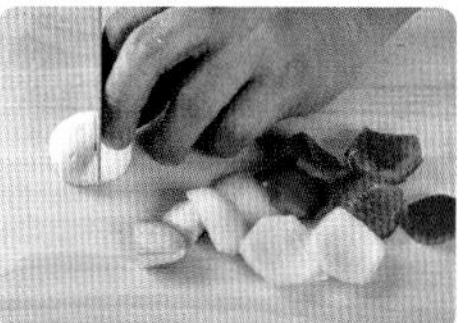
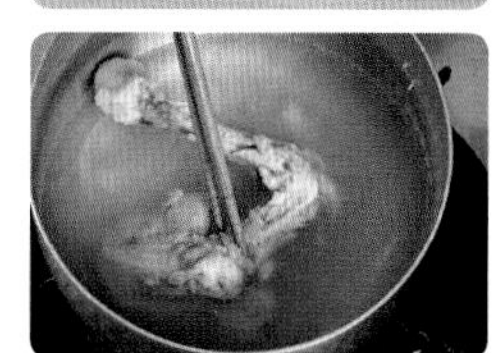
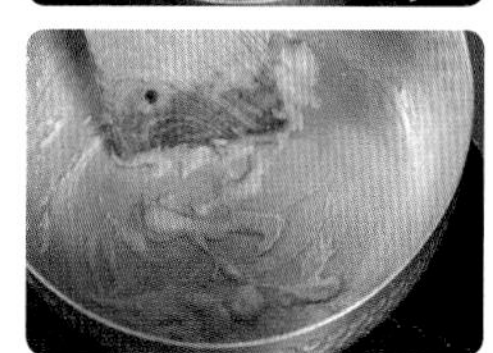

❶ 닭다리는 뼈를 제거한 후 사방 2cm 크기로 잘라 소금, 후추 한다.
❷ 냄비에 닭뼈와 부케가르니(월계수잎, 정향, 양파)를 넣고 은은하게 끓여 불순물을 제거 후 소창에 걸러 치킨스톡을 만든다.
❸ 양송이는 껍질을 제거하여 웨지로 썰고 청, 홍피망과 양파는 1.8cm 크기로 잘라 놓는다.
❹ 냄비에 버터, 밀가루를 볶아 화이트 루를 만들어 우유를 조금씩 넣어 잘 풀어 베샤멜소스를 만든 후 육수를 첨가하여 은은하게 끓인다.
❺ 팬에 닭고기, 양파, 양송이, 피망을 넣고 볶아서 ④에 넣어 끓인다.
❻ 고기가 익고 농도가 나오면 생크림과 소금, 후추로 간을 하여 완성한다.

• 버터와 밀가루를 볶을 때 색이 나지 않게 한다. (화이트 루)

시험시간 30분

Bacon, lettuce, tomato sandwich
BLT 샌드위치

지급재료목록

- 식빵(샌드위치용) 3조각
- 양상추(2잎 정도, 잎상추로 대체 가능) 20g
- 토마토(중, 150g 정도, 둥근 모양이 되도록 잘라서 지급) 1/2개
- 베이컨(길이 25~30cm) 2조각 • 마요네즈 30g
- 소금(정제염) 3g • 검은후춧가루 1g

요구사항

※주어진 재료를 사용하여 다음과 같이 베이컨, 레터스, 토마토 샌드위치를 만드시오.

가. 빵은 구워서 사용하시오.
나. 토마토는 0.5cm 정도의 두께로 썰고, 베이컨은 구워서 사용하시오.
다. 완성품은 모양있게 썰어 전량을 제출하시오.

수험자 유의사항

1) 만드는 순서에 유의하며, 위생과 숙련된 기능평가를 위하여 조리작업 시 맛을 보지 않습니다.
2) 지정된 수험자지참준비물 이외의 조리기구나 재료를 시험장 내에 지참할 수 없습니다.
3) 지급재료는 시험 전 확인하여 이상이 있을 경우 시험위원으로부터 조치를 받고 시험 중에는 재료의 교환 및 추가지급은 하지 않습니다.
4) 요구사항의 규격은 "정도"의 의미를 포함하며, 지급된 재료의 크기에 따라 가감하여 채점합니다.
5) 위생상태 및 안전관리 사항을 준수합니다.
6) 다음 사항에 대해서는 채점대상에서 제외하니 특히 유의하시기 바랍니다.
   가) 기　권 – 수험자 본인이 시험 도중 시험에 대한 포기 의사를 표현하는 경우
   나) 실　격 – (1) 가스레인지 화구 2개 이상(2개 포함) 사용한 경우
   (2) 불을 사용하여 만든 조리작품이 작품특성에 벗어나는 정도로 타거나 익지 않은 경우
   (3) 시험 중 시설 · 장비(칼, 가스레인지 등) 사용 시 감독위원 및 타수험자의 시험 진행에 위협이 될 것으로 감독위원 전원이 합의하여 판단한 경우
   다) 미완성 – (1) 시험시간 내에 과제 두 가지를 제출하지 못한 경우
   (2) 문제의 요구사항대로 과제의 수량이 만들어지지 않은 경우
   라) 오　작 – (1) 구이를 찜으로 조리하는 등과 같이 완성품을 요구사항과 다르게 만든 경우
   (2) 해당과제의 지급재료 이외의 재료를 사용하거나 석쇠 등 요구사항의 조리도구를 사용하지 않은 경우
   마) 요구사항에 표시된 실격, 미완성, 오작에 해당하는 경우
7) 항목별 배점은 위생상태 및 안전관리 5점, 조리기술 30점, 작품의 평가 15점입니다.

만드는 법

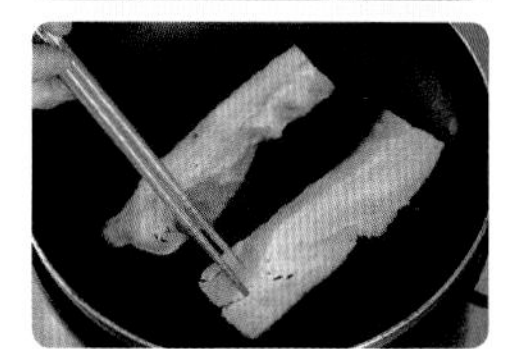

❶ 양상추는 찬물에 담구어 준비하고 토마토는 0.5cm로 링 슬라이스한다.
❷ 베이컨은 구워 기름기를 제거한다.
❸ 식빵은 기름을 두르고 양면이 갈색이 나도록 구워낸다.
❹ 구운 식빵에 두 장에는 마요네즈를 바르고 한 장은 마요네즈를 양면에 바른다.
❺ 빵에 양상추, 베이컨을 올리고 그 위에 양면 바른 빵을 놓고 양상추, 토마토, 식빵을 덮어 샌드위치를 만든다.
❻ 샌드위치 가장자리를 잘라내고 대각선으로 반을 갈라 접시에 담아낸다.

- 양상추의 물기를 제거하여 빵이 눅눅해지지 않게 한다.
- 빵을 자를 때 눌림이 없어야 한다.

시험시간 30분

Hamburger sandwich
햄버거 샌드위치

지급재료목록

- 소고기(살코기, 방심) 100g • 양파(중, 150g 정도) 1개
- 빵가루(마른 것) 30g • 셀러리 30g • 소금(정제염) 3g
- 검은후춧가루 1g • 양상추 20g
- 토마토(중, 150g 정도, 둥근 모양이 되도록 잘라서 지급) 1/2개
- 버터(무염) 15g • 햄버거 빵 1개 • 식용유 20mL • 달걀 1개

요구사항

※주어진 재료를 사용하여 다음과 같이 햄버거 샌드위치를 만드시오.

가. 빵은 버터를 발라 구워서 사용하시오.
나. 고기는 미디움웰던(medium-wellden)으로 굽고, 구워진 고기의 두께는 1cm 정도로 하시오.
다. 토마토, 양파는 0.5cm 정도의 두께로 썰고 양상추는 빵크기에 맞추시오.
라. 샌드위치는 반으로 잘라 내시오.

수험자 유의사항

1) 만드는 순서에 유의하며, 위생과 숙련된 기능평가를 위하여 조리작업 시 맛을 보지 않습니다.
2) 지정된 수험자지참준비물 이외의 조리기구나 재료를 시험장 내에 지참할 수 없습니다.
3) 지급재료는 시험 전 확인하여 이상이 있을 경우 시험위원으로부터 조치를 받고 시험 중에는 재료의 교환 및 추가지급은 하지 않습니다.
4) 요구사항의 규격은 "정도"의 의미를 포함하며, 지급된 재료의 크기에 따라 가감하여 채점합니다.
5) 위생상태 및 안전관리 사항을 준수합니다.
6) 다음 사항에 대해서는 채점대상에서 제외하니 특히 유의하시기 바랍니다.
   가) 기　권 – 수험자 본인이 시험 도중 시험에 대한 포기 의사를 표현하는 경우
   나) 실　격 – (1) 가스레인지 화구 2개 이상(2개 포함) 사용한 경우
   (2) 불을 사용하여 만든 조리작품이 작품특성에 벗어나는 정도로 타거나 익지 않은 경우
   (3) 시험 중 시설 · 장비(칼, 가스레인지 등) 사용 시 감독위원 및 타수험자의 시험 진행에 위협이 될 것으로 감독위원 전원이 합의하여 판단한 경우
   다) 미완성 – (1) 시험시간 내에 과제 두 가지를 제출하지 못한 경우
   (2) 문제의 요구사항대로 과제의 수량이 만들어지지 않은 경우
   라) 오　작 – (1) 구이를 찜으로 조리하는 등과 같이 완성품을 요구사항과 다르게 만든 경우
   (2) 해당과제의 지급재료 이외의 재료를 사용하거나 석쇠 등 요구사항의 조리도구를 사용하지 않은 경우
   마) 요구사항에 표시된 실격, 미완성, 오작에 해당하는 경우
7) 항목별 배점은 위생상태 및 안전관리 5점, 조리기술 30점, 작품의 평가 15점입니다.

만드는 법

❶ 양상추는 찬물에 담근다.
❷ 양파는 0.5cm 두께로 링 슬라이스하고 남은 양파는 다진다.
❸ 셀러리는 다져서 양파와 같이 볶아낸다.
❹ 토마토는 0.5cm 두께로 링 슬라이스한다.
❺ 믹싱볼에 볶은 양파, 셀러리와 갈은 쇠고기, 소금, 후추, 달걀, 빵가루를 넣어 여러 번 치대어 직경 10cm, 두께 0.7cm 정도의 햄버거 패티를 만든다.
❻ 팬에 기름을 둘러 햄버거 패티를 앞뒤로 색이 나게 잘 익혀낸다.
❼ 햄버거 빵에 버터를 바르고 안쪽을 구워낸다.
❽ 햄버거 빵에 양상추, 양파, 토마토, 햄버거 패티를 차례로 얹어 위에 빵으로 덮어 완성한다.
❾ 이등분하여 속 재료가 보이도록 접시에 담아낸다.

• 양상추의 물기를 제거하여 빵이 눅눅해지지 않게 한다.
• 스테이크는 구우면 볼록해지므로 가운데를 눌러 홈을 만들어 구워낸다.

시험시간 30분

Spaghetti Carbonara
스파게티 카르보나라

지급재료목록

- 스파게티면(건조 면) 80g • 올리브오일 20mL • 버터(무염) 20g
- 생크림 180mL • 베이컨(길이 15~20cm) 2개 • 달걀 1개
- 파마산 치즈가루 10g • 파슬리(잎, 줄기 포함) 1줄기
- 소금(정제염) 5g • 검은통후추 5개 • 식용유 20mL

요구사항

※주어진 재료를 사용하여 다음과 같이 스파게티 카르보나라를 만드시오.

가. 스파게티 면은 al dante(알 단테)로 삶아서 사용하시오.
나. 파슬리는 다지고 통후추는 곱게 으깨서 사용하시오.
다. 베이컨은 1cm 정도 크기로 썰어, 으깬 통후추와 볶아서 향이 잘 우러나게 하시오.
라. 생크림은 달걀 노른자를 이용한 리에종(Liaison)과 소스에 사용하시오.

수험자 유의사항

1) 만드는 순서에 유의하며, 위생과 숙련된 기능평가를 위하여 조리작업 시 맛을 보지 않습니다.
2) 지정된 수험자지참준비물 이외의 조리기구나 재료를 시험장 내에 지참할 수 없습니다.
3) 지급재료는 시험 전 확인하여 이상이 있을 경우 시험위원으로부터 조치를 받고 시험 중에는 재료의 교환 및 추가지급은 하지 않습니다.
4) 요구사항의 규격은 "정도"의 의미를 포함하며, 지급된 재료의 크기에 따라 가감하여 채점합니다.
5) 위생상태 및 안전관리 사항을 준수합니다.
6) 다음 사항에 대해서는 채점대상에서 제외하니 특히 유의하시기 바랍니다.
   가) 기　권 – 수험자 본인이 시험 도중 시험에 대한 포기 의사를 표현하는 경우
   나) 실　격 – (1) 가스레인지 화구 2개 이상(2개 포함) 사용한 경우
   (2) 불을 사용하여 만든 조리작품이 작품특성에 벗어나는 정도로 타거나 익지 않은 경우
   (3) 시험 중 시설 · 장비(칼, 가스레인지 등) 사용 시 감독위원 및 타수험자의 시험 진행에 위협이 될 것으로 감독위원 전원이 합의하여 판단한 경우
   다) 미완성 – (1) 시험시간 내에 과제 두 가지를 제출하지 못한 경우
   (2) 문제의 요구사항대로 과제의 수량이 만들어지지 않은 경우
   라) 오　작 – (1) 구이를 찜으로 조리하는 등과 같이 완성품을 요구사항과 다르게 만든 경우
   (2) 해당과제의 지급재료 이외의 재료를 사용하거나 석쇠 등 요구사항의 조리도구를 사용하지 않은 경우
   마) 요구사항에 표시된 실격, 미완성, 오작에 해당하는 경우
7) 항목별 배점은 위생상태 및 안전관리 5점, 조리기술 30점, 작품의 평가 15점입니다.

만드는 법

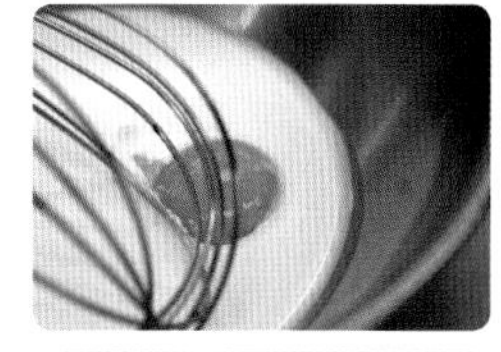

❶ 파슬리는 곱게 다져 소창에 싸서 찬물에 헹궈 수분을 제거해 놓는다.
❷ 통후추는 곱게 으깨서 준비한다.
❸ 베이컨은 1cm 정도로 자른 후 팬에 구워 기름기를 빼준다.
❹ 파스타는 끓는 소금물에 al dante(알단테; 미디움)로 삶아낸다.
❺ 믹싱볼에 생크림, 달걀 노린자를 섞어 리에송 소스를 만든다.
❻ 팬에 버터를 넣고 베이컨, 으깬 후추를 볶다가 ⑤를 넣고 끓으면 스파게티 면, 소금을 넣어 농도가 알맞게 끓여 완성한다.
❼ 접시에 ⑥을 담고 위에 파슬리로 가니시한다.

• 센 불에 하면 버터가 타서 스파게티가 누런색이 난다.
• 리에송 소스를 너무 오래 끓이면 지방 분리현상이 일어난다.

시험시간 35분

Seafood spaghetti tomato sauce
토마토소스 해산물 스파게티

지급재료목록

- 스파게티면(건조 면) 70g • 토마토(캔)(홀필드, 국물 포함) 300g
- 마늘 3쪽 • 양파(중, 150g 정도) 1/2개 • 바질(신선한 것) 4잎
- 파슬리(잎, 줄기 포함) 1줄기 • 방울토마토(붉은색) 2개
- 올리브오일 40mL • 새우(껍질 있는 것) 3마리
- 모시조개(지름 3cm 정도, 바지락 대체 가능) 3개 • 오징어(몸통) 50g
- 관자살(50g 정도, 작은 관자 3개 정도) 1개 • 화이트와인 20mL
- 소금 5g • 흰후춧가루 5g • 식용유 20mL

요구사항

※주어진 재료를 사용하여 다음과 같이 토마토소스 해산물 스파게티를 만드시오.

가. 스파게티 면은 al dante(알 단테)로 삶아서 사용하시오.
나. 조개는 껍질째, 새우는 껍질을 벗겨 내장을 제거하고, 관자살은 편으로 썰고, 오징어는 0.8×5cm 정도 크기로 썰어 사용하시오.
다. 해산물은 화이트와인을 사용하여 조리하고, 마늘과 양파는 해산물 조리와 토마토소스 조리에 나누어 사용하시오.
라. 바질을 넣은 토마토소스를 만들어 사용하시오.
마. 스파게티는 토마토소스에 버무리고 다진 파슬리와 슬라이스한 바질을 넣어 완성하시오.

수험자 유의사항

1) 만드는 순서에 유의하며, 위생과 숙련된 기능평가를 위하여 조리작업 시 맛을 보지 않습니다.
2) 지정된 수험자지참준비물 이외의 조리기구나 재료를 시험장 내에 지참할 수 없습니다.
3) 지급재료는 시험 전 확인하여 이상이 있을 경우 시험위원으로부터 조치를 받고 시험 중에는 재료의 교환 및 추가지급은 하지 않습니다.
4) 요구사항의 규격은 "정도"의 의미를 포함하며, 지급된 재료의 크기에 따라 가감하여 채점합니다.
5) 위생상태 및 안전관리 사항을 준수합니다.
6) 다음 사항에 대해서는 채점대상에서 제외하니 특히 유의하시기 바랍니다.
   가) 기　권 – 수험자 본인이 시험 도중 시험에 대한 포기 의사를 표현하는 경우
   나) 실　격 – (1) 가스레인지 화구 2개 이상(2개 포함) 사용한 경우
   (2) 불을 사용하여 만든 조리작품이 작품특성에 벗어나는 정도로 타거나 익지 않은 경우
   (3) 시험 중 시설 · 장비(칼, 가스레인지 등) 사용 시 감독위원 및 타수험자의 시험 진행에 위협이 될 것으로 감독위원 전원이 합의하여 판단한 경우
   다) 미완성 – (1) 시험시간 내에 과제 두 가지를 제출하지 못한 경우
   (2) 문제의 요구사항대로 과제의 수량이 만들어지지 않은 경우
   라) 오　작 – (1) 구이를 찜으로 조리하는 등과 같이 완성품을 요구사항과 다르게 만든 경우
   (2) 해당과제의 지급재료 이외의 재료를 사용하거나 석쇠 등 요구사항의 조리도구를 사용하지 않은 경우
   마) 요구사항에 표시된 실격, 미완성, 오작에 해당하는 경우
7) 항목별 배점은 위생상태 및 안전관리 5점, 조리기술 30점, 작품의 평가 15점입니다.

만드는 법

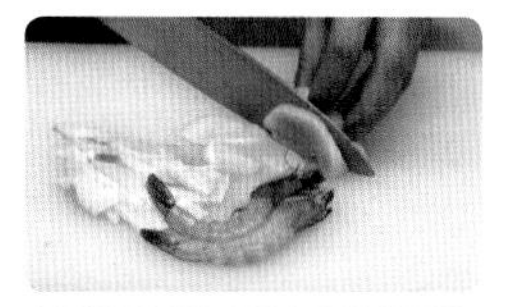

❶ 파슬리는 곱게 다져 소창에 싸서 찬물에 헹궈 수분을 제거해 놓는다.
❷ 양파와 마늘은 다지고 바질은 슬라이스하고 방울토마토는 콩카세한다.
❸ 모시조개는 잘 씻어 놓고 오징어는 손가락 굵기로 썰고 관자는 링으로 3등분하며 새우는 껍질 제거 후 내장을 제거한다.
❹ 파스타는 끓은 소금물에 al dante(알단테; 미디움)로 삶아낸다.
❺ 팬에 기름을 넣고 마늘, 양파 다진 것을 볶다가 토마토홀을 넣어 으깨면서 은은하게 끓여 소금, 후추한 후 토마토소스를 만든다.
❻ 팬에 기름을 넣고 마늘, 양파 다진 것을 볶다가 해물을 넣어 화이트와인으로 졸여 비린 맛을 제거 후 스파게티면과 ⑤번 소스를 넣어 끓이다 농도가 나오면 방울토마토, 소금, 후추, 파슬리, 올리브오일로 마무리한다.
❼ ⑥을 파스타 볼에 예쁘게 담고 위에 바질 슬라이스를 올려 마무리한다.

• 해물은 너무 오래 요리하면 모양도 안좋고 질감이 떨어진다.

PART 03

호텔식 서양요리

가지로 감싼 모짜렐라 치즈와 발사미코 베니거 소스

지급재료목록

(1인분 기준)

- 가지 1/2개 • 토마토 1/2개 • 모짜렐라 치즈 30g • 바질잎 2장 • 토마토 소스 약간
- 어린 잎 야채 20g • 졸인 발사미코 베니거 1스푼
- 올리브오일 • 소금, 후추 • 통후추

만드는 법

❶ 가지를 0.5cm 두께로 썰어 소금, 후추로 간을 해서 2장 펴놓고 중앙에 모짜렐라 치즈 15g을 놓고 위에 바질잎 1장, 토마토살 1/4개를 0.5cm 두께로 썰어 놓고, 토마토 소스 1티스푼 정도를 놓은 다음 180℃ 오븐에서 노릇노릇하게 색깔이 나게 굽는다.
(2개를 만든다.)

❷ 접시 중앙에 완성된 ①을 보기 좋게 담고 옆에 어린 잎 야채를 놓고 졸인 발사미코 베니거를 뿌려서 완성한다.

Memo

프로슈토 햄으로 감싼 닭간구이

지급재료목록

(1인분 기준)

- 닭간 120g • 프로슈토 햄 20g • 어린 잎 야채 20g
- 레드와인 소스 2스푼 • 송로버섯 오일드레싱 1스푼
- 올리브오일 • 소금, 후추 • 조리용 실

만드는 법

❶ 닭간에 소금, 후추로 간을 하고 프로슈토 햄으로 감싼 후, 조리용 실로 동그랗게 말아서 프라이팬에 오일을 두르고 노릇노릇하게 구워 오븐에서 완전하게 익힌다.

❷ 접시 중앙에 완성된 ①을 3등분하여 가지런히 담고 옆에 송로버섯 오일드레싱으로 어린 잎 야채를 무쳐 놓는다.

❸ 완성된 닭간 위에 레드와인 소스를 곁들인다.

상어알과 게살을 채운 훈제연어롤과 어린 잎 샐러드

지급재료목록

(1인분 기준)

• 훈제연어 60g • 게살 10g • 상어알 5g • 어린 잎 야채 20g
• 바질 비네거 드레싱 2스푼 • 히즈미 1스푼 • 소금, 후추

만드는 법

❶ 훈제연어를 얇게 썰어 펼치고, 위에 게살, 상어알을 넣고 둥글게 말아 히즈미를 묻힌다.
❷ 훈제연어롤을 2cm 정도 3등분한다.
❸ 어린 잎 샐러드를 접시 중앙에 놓고 주위에 완성시킨 3등분한 연어롤을 놓는다.
❹ 어린 잎 샐러드와 주위에 바질 비네거 드레싱을 뿌려준다.
❺ 가니시로 차이브 1개를 샐러드에 장식한다

바질비네거 드레싱

바질오일 3스푼, 화이트 발사미코 비네거 1스푼, 레몬 주스 약간, 소금, 후추
(모든 재료를 혼합한다.)

※ 자루냄비에 바질, 올리브오일을 넣고 은근하게 끓인 다음 고운체에 내린다.

그릴에 구운 야채

지급재료목록

(1인분 기준)

• 홍피망 1/2개 • 노란 파프리카 1/2개 • 가지 1/2개 • 붉은 양파 1/2개 • 마늘 홀 1개
• 단호박 1/6개 • 감자 1/6개 • 비트 1/6개 • 이탈리안 파슬리 약간 • 검정 통후추 약간
• 올리브오일 • 발사미코 비네거

만드는 법

❶ 피망, 파프리카, 가지, 양파, 단호박, 감자, 비트를 삼각형 모양으로 썰어 준비한다. 마늘은 2등분으로 자른다.
❷ 그릴에 준비한 야채를 노릇하게 굽는다.
❸ 프라이팬에 올리브오일을 두르고 그릴에 구운 야채를 넣고 노릇노릇하게 굽는다. 소금, 후추, 발사미코 비네거, 가늘게 썬 이탈리안 파슬리를 넣고 볶아 마무리한다.
❹ 접시 중앙에 완성된 ③을 담아 놓고 주위에 프라이팬에 남은 발사미코 소스를 뿌려 완성한다.

허브와 포머리 머스터드를 발라 구운 아귀요리

지급재료목록

(1인분 기준)

- 아귀 꼬리살 160g • 흰콩 무스 2스푼 • 샤프란 크림소스 2스푼
- 어린 잎 야채 약간 • 허브 빵가루 • 포머리 머스터드
- 올리브오일 • 소금, 후추

만드는 법

❶ 아귀를 꼬리살만 잘 손질한다. 꼬리살에 힘줄을 잘 손질해 제거한다.
❷ 아귀살을 소금, 후추로 간을 해 프라이팬에 오일을 두르고 구운 다음 오븐(180도)에서 굽는다(8분 정도). 구운 아귀를 포머리 머스터드를 바르고 허브 빵가루를 묻혀 오븐에서 2분 정도 굽는다.
❸ 접시 중앙에 흰콩 무스 2스푼을 놓고 위에 구운 아귀를 5등분해서 놓는다.
❹ 접시 주위에 샤프란 크림소스를 핸드믹서를 이용해 거품 소스만 접시 주위에 놓고 주위에 어린 잎 야채를 놓고 실파로 가니시한다.

흰콩 무스

흰콩을 물에 불려 껍질을 벗겨서 냄비에 버터를 두르고 양파, 흰부분 대파, 약간의 마늘을 볶는다. 흰콩을 넣고 볶다가 야채 육수를 넣고 중불로 푹 익혀 커트 기계로 곱게 갈아 고운체에 내려 냄비에 넣고 약간의 생크림, 소금, 후추로 간을 해 조리한다.

샤프란 크림소스

양파, 대파, 마늘을 가늘게 썰어 냄비에 버터를 두르고 볶다가 화이트와인을 넣고 졸인다. 생선 스톡, 월계수잎, 생크림을 넣고 약 10분 정도 조리한 다음 믹서기를 사용해 곱게 갈아 고운체에 내려 냄비에 담아 소금, 후추로 간을 해 사용할 때 샤프란 주스 두 방울을 넣고 핸드믹서를 이용해 거품을 만들어 소스로 사용한다. (야채로 휘넬, 양송이를 사용하기도 한다.)

허브 빵가루

이탈리안 파슬리, 파슬리, 바질잎만 손질해서 빵가루도 함께 커트 기계를 사용해 곱게 갈아 체에 내린다. (빵가루는 말린 것을 사용한다.)

적포도주 소스와 단호박 무스를 곁들인 송아지 안심구이

지급재료목록

- 송아지 안심 180g • 마늘, 양파, 당근, 셀러리 약간씩 • 단호박 1/6개
- 차이브 약간 • 로즈메리, 타임, 타라곤, 이탈리안 파슬리 1줄기씩
- 적포도주 소스 2스푼 • 홍피망 천트니 1스푼
- 올리브오일, 버터 • 성게알 약간 • 프로슈토 햄 2개 • 소금, 후추

만드는 법

❶ 송아지 안심은 기름을 제거하고 2등분해 프로슈토 햄을 감아 잘게 썬 야채, 올리브오일, 로즈메리, 타임, 마늘에 재운다.

❷ 단호박은 껍질을 제거하고 오븐에 구워 잘게 뭉겐 다음 소금, 후추, 잘게 썬 차이브, 말린 토마토와 함께 혼합해 준비한다.

❸ 그릴에 재워놓은 안심을 소금, 후추로 간을 하고 안심 양쪽의 색이 잘 나도록 구운 다음 오븐 속에 넣어 중간 정도 익힌다.

❹ 따뜻한 접시에 준비한 ②를 2스푼 놓고 그 위에 구운 안심을 놓고 위에 홍피망 천트니를 얹고 적포도주 소스를 충분히 뿌리고, 위에 성게 소스를 약간 뿌리고 허브로 가니시한다.

홍피망 천트니

준비재료

작은 주사위 모양으로 썬 양파, 홍피망, 사과, 월계수잎, 겨자씨,
황설탕, 레드와인 식초, 후추, 소금

만드는 방법

모든 재료를 두꺼운 냄비에 넣고 중불에서 조리한다.
국물이 완전히 졸 때까지 조리한다.

Memo

블루치즈 폴렌타, 토마토와 그린 콩을 곁들인 소고기 안심구이

지급재료목록

- 소고기 안심 180g • 폴렌타 1스푼 • 고르곤졸라 치즈 30g • 야채 스톡 100ml
- 생크림 30ml • 그린 콩 1스푼 • 토마토 1/4개 • 올리브 약간 • 다진 샬롯 약간
- 아스파라거스 1개 • 양파잼 1스푼 • 송로버섯 약간
- 레드와인 소스 2스푼 • 타임 • 소금, 후추

만드는 법

❶ 소고기 안심에 소금, 으깬 후추를 양념하여 오일을 두르고 그릴에 중간 정도 굽는다.
❷ 자루 냄비에 오일을 두르고 다진 샬롯, 폴렌타를 볶다가 야채 스톡, 생크림, 고르곤졸라 치즈 순으로 넣고 조리한다.
❸ 토마토는 껍질을 제거하고 작은 주사위 모양으로 자른다. 아스파라거스는 껍질을 제거하고 끓는 물에 살짝 익혀 얼음 물에 식혀둔다.
❹ 프라이팬에 오일을 두르고 그린 콩, 올리브, 아스파라거스를 볶다가 주사위 모양 토마토, 소금, 후추를 넣고 볶는다.
❺ 접시 중앙에 완성된 폴렌타 한 스푼을 놓고, 위에 구운 안심 그 위에 송로버섯, 양파, 잼 한 스푼을 놓고 주위에 레드와인 소스로 마무리한다. 타임 한 잎으로 가니시한다.

부야베스 소스를 곁들인 농어찜

지급재료목록

(1인분 기준)

- 샤프란 약간 • 월계수잎 2장 • 마늘 3개 • 셀러리, 당근, 감자, 훼넬, 대파, 호박, 토마토 1개 • 토마토 페이스토 1스푼 • 양파 1개 • 이탈리안 파슬리, 실파 약간 • 타임, 바질 약간 • 올리브오일 • 브랜디, 페로도 와인, 화이트와인 약간
- 소금, 후추 • 생선뼈, 새우, 바닷가재 • 신선한 농어 1kg

만드는 법

❶ 셀러리, 당근, 훼넬, 양파, 마늘을 가늘게 썬다. 새우, 바닷가재는 오븐에서 굽는다.
❷ 자루냄비에 올리브오일을 두르고 가늘게 썬 야채를 볶는다. 어느 정도 볶다가 생선뼈, 새우, 바닷가재를 넣고 볶는다. 샤프란, 월계수잎, 후추, 토마토 페이스토 1스푼을 넣고 볶는다. 브랜디, 페로도 와인, 화이트와인을 넣고 졸인다. 어느 정도 졸이다가 생선 스톡을 넣는다. 20분가량 끓인다.
❸ ②를 소창에 거른다. 소금, 후추로 간을 한다.
❹ 냄비에 부야베스 소스를 담고 농어를 놓고 감자, 당근, 훼넬, 대파, 호박을 주위에 놓는다. 냄비 뚜껑을 덮고 오븐에서 15~20분가량 익힌다.
❺ 완성된 생선 위에 토마토, 다진 파슬리, 실파를 얹어 제공한다.

모렐 수플레

지급재료목록

(2인분 기준)

• 식빵 1조각 • 달걀(노른자 1개, 흰자 2개) • 우유 4스푼 • 다진 양파 1스푼 • 모렐버섯 약간
• 차이브 약간 • 넛맥 약간 • 야채 크림소스 2스푼 • 브라운 소스 1티스푼

만드는 법

❶ 식빵을 주사위 모양으로 자르고 우유를 데워서 섞는다.
❷ 모렐버섯을 잘 손질해 썰어서 다진 양파를 넣고 볶는다.
❸ ①과 ②를 혼합하면서 달걀 노른자를 섞고 달걀 흰자는 휘핑을 쳐서 혼합하면서 소금, 후추, 넛맥을 넣는다.
❹ 몰드에 버터를 바르고 담는다.
❺ 오븐 170도에 약 20분 정도 굽는다(팬에 약간의 물을 넣고 몰드를 놓는다).
❻ 수플레를 접시 중앙에 놓고 크림소스를 끼얹고 그 위에 브라운 소스를 끼얹는다.

디저트 수플레

달걀 노른자 15g, 설탕 30g, 우유 15ml, 밀가루 10g, 달걀 흰자 4개,
버터 약간, 슈가파우더 약간

Memo

송로버섯을 곁들인 오리가슴살구이

지급재료목록

- 오리가슴살 1개 • 렌틸콩 2스푼 • 양파, 토마토, 햄 약간
- 차이브 약간 • 송로버섯 약간 • 거위간 약간 • 레드와인 소스 2스푼
- 크림소스 1스푼 • 오레가노

만드는 법

❶ 오리가슴살에 칼집을 넣어 소금, 후추로 간을 해 프라이팬에 약간의 오일을 두르고 껍질 부위부터 노릇노릇하게 굽는다.

❷ 렌틸콩을 깨끗이 씻어 자루냄비에 양파, 토마토, 햄, 월계수잎, 올리브오일, 닭 육수를 같이 넣고 익힌다.

❸ 익힌 렌틸콩, 주사위 모양으로 썬 토마토, 가늘게 썬 차이브를 프라이팬에 오일을 두르고 볶는다. 소금, 후추로 간을 한다.

❹ 접시 중앙에 ③을 놓고 위에 구운 오리가슴살을 놓고 위에 가늘게 썬 송로버섯 3조각을 얹고 주위에 레드와인 소스를 뿌리고 위에 송로버섯 크림소스를 핸드믹서를 이용해 거품만 2~3방울 뿌리고 마무리한다.

엔다이브 야채를 곁들인 연어구이

지급재료목록

• 연어 170g • 피망 청, 홍, 노랑 • 엔다이브 1개 • 가지, 토마토, 올리브, 케이퍼베리
• 바질 • 양파, 마늘 • 발사미코 비네거(졸인 것) • 연어알 • 올리브오일, 소금, 후추

만드는 법

❶ 연어를 잘 손질해 칼집을 넣고 오일을 바르고 소금, 후추를 한 다음 그릴에 구워 오븐에서 굽는다.
❷ 엔다이브, 피망, 호박, 가지, 토마토, 올리브를 썰어 프라이팬에 마늘, 양파를 넣고 볶는다. 소금, 후추, 바질로 간을 한 다음 마무리한다.
❸ 접시 중앙에 구운 엔다이브와 야채를 놓고 위에 오븐에서 구운 연어를 놓고 그 위에 연어알 1티스푼 정도를 얹는다. 접시 주위에 발사미코 베니거 졸인 것으로 장식한 후 마무리한다.

유기농 야채를 곁들인 농어와 생선 브로스

지급재료목록

(1인분 기준)

• 농어 180g • 호박 1/6개 • 훼넬 1개 • 감자 1/2개 • 대파 1/2개 • 토마토 1/2개
• 샬롯 2개 • 마늘 1개 • 이탈리안 파슬리 • 올리브오일 • 생선 육수 40ml • 소금, 후추

만드는 법

❶ 농어를 잘 손질해 칼집을 넣고 소금, 후추로 간을 한 다음 팬에 올리브오일, 마늘, 로즈메리, 타임을 넣고 껍질 부위부터 노릇노릇하게 굽는다.

❷ 호박, 훼넬, 감자, 대파, 샬롯을 삼각형 모양으로 잘라 끓는 물에 데친다. 토마토도 끓는 물에 데쳐 껍질을 제거하고 삼각형 모양으로 자른다.

❸ 훼넬 1/2개를 껍질을 벗기고 가늘게 썰어 찬물에 담가둔다.

❹ 자루냄비에 올리브오일을 조금 두르고 가늘게 썬 마늘을 넣고 볶는다. 데친 야채 호박, 훼넬, 감자, 대파, 샬롯을 넣고 볶다가 생선 육수를 넣고 끓인다. 접시에 담기 전에 토마토, 가늘게 썬 이탈리안 파슬리, 소금, 후추로 간을 해 준비한다.

❺ 오목한 접시에 완성된 ④를 담고 위에 노릇노릇하게 구운 농어를 얹고 그 위에 가늘게 썬 훼넬을 놓고 타라곤으로 가니시한다.

구운 야채를 곁들인 도미구이

지급재료목록

(1인분 기준)

- 도미 170g • 야채(피망, 파프리카, 가지, 붉은 양파, 호박) • 바질 약간
- 마늘, 로즈메리, 타임 약간 • 올리브오일, 소금, 후추 • 토마토 소스 2스푼
- 허브오일 1티스푼

만드는 법

❶ 도미를 잘 손질해 칼집을 넣고 소금, 후추로 간을 한 다음 팬에 올리브오일, 마늘, 로즈메리, 타임을 넣고 껍질부위부터 노릇노릇하게 굽는다.
❷ 피망, 파프리카, 가지, 붉은 양파, 호박을 삼각형 모양으로 준비한다.
❸ 팬에 올리브오일을 두르고, 호박, 가지, 피망, 파프리카, 양파를 순서대로 볶는다.
❹ 접시 중앙에 완성된 ③을 놓고 주위에 토마토 소스, 허브오일을 뿌려 완성한다. 가니시로 딜(Dill)을 도미 위에 얹는다.

국가기술자격(양식) 실기시험 준비

출제기준(필기)

직무분야	음식 서비스	중직무분야	조리	자격종목	양식조리기능사	적용기간	2019. 1. 1. ~ 2019.12.31.
○직무내용 : 양식조리분야에 제공될 음식에 대한 기초 계획을 세우고 식재료를 구매, 관리, 손질하여 맛, 영양, 위생적인 음식을 조리하고 조리기구 및 시설관리를 유지하는 직무							
필기검정방법	객관식	문제수	60	시험시간	1시간		

필기과목명	문제수	주요항목	세부항목	세세항목
식품위생 및 관련 법규, 식품학, 조리이론 및 급식관리, 공중보건	60	1. 식품위생	1. 식품위생의 의의	1. 식품위생의 의의
			2. 식품과 미생물	1. 미생물의 종류와 특성 2. 미생물에 의한 식품의 변질 3. 미생물 관리 4. 미생물에 의한 감염과 면역
		2. 식중독	1. 식중독의 분류	1. 세균성 식중독의 특징 및 예방대책 2. 자연독 식중독의 특징 및 예방대책 3. 화학적 식중독의 특징 및 예방대책 4. 곰팡이 독소의 특징 및 예방대책
		3. 식품과 감염병	1. 경구감염병	1. 경구감염병의 특징 및 예방대책
			2. 인수공통감염병	1. 인수공통감염병의 특징 및 예방대책
			3. 식품과 기생충병	1. 식품과 기생충병의 특징 및 예방대책
			4. 식품과 위생동물	1. 위생동물의 특징 및 예방대책
		4. 살균 및 소독	1. 살균 및 소독	1. 살균의 종류 및 방법 2. 소독의 종류 및 방법
		5. 식품첨가물과 유해물질	1. 식품첨가물	1. 식품첨가물 일반정보 2. 식품첨가물 규격기준 3 중금속 4. 조리 및 가공에서 기인하는 유해물질
		6. 식품위생관리	1. HACCP, 제조물책임법(PL) 등	1. HACCP, 제조물책임법의 개념 및 관리
			2. 개인위생관리	1. 개인위생관리
			3. 조리장의 위생관리	1. 조리장의 위생관리

필기과목명	문제수	주요항목	세부항목	세세항목
식품위생 및 관련 법규, 식품학, 조리이론 및 급식관리, 공중보건	60	7. 식품위생관련 법규	1. 식품위생관련법규	1. 총칙 2. 식품 및 식품첨가물 3. 기구와 용기 · 포장 4. 표시 5. 식품등의 공전 6. 검사 등 7. 영업 8. 조리사 및 영양사 9. 시정명령 · 허가취소 등 행정제재 10. 보칙 11. 벌칙
			2. 농수산물의 원산지 표시에 관한 법규	1. 총칙 2. 원산지 표시 등
		8. 공중보건	1. 공중보건의 개념	1. 공중보건의 개념
			2. 환경위생 및 환경오염	1. 일광 2. 공기 및 대기오염 3. 상하수도, 오물처리 및 수질오염 4. 소음 및 진동 5. 구충구서
			3. 산업보건 및 감염병 관리	1. 산업보건의 개념과 직업병 관리 2. 역학 일반 3. 급만성감염병관리
			4. 보건관리	1. 보건행정 2. 인구와 보건 3. 보건영양 4. 모자보건, 성인 및 노인보건 5. 학교보건
		9. 식품학	1. 식품학의 기초	1. 식품의 기초식품군
			2. 식품의 일반성분	1. 수분 2. 탄수화물 3. 지질 4. 단백질 5. 무기질 6. 비타민
			3. 식품의 특수성분	1. 식품의 맛 2. 식품의 향미(색, 냄새) 3. 식품의 갈변 4. 기타 특수성분
			4. 식품과 효소	1. 식품과 효소

필기과목명	문제수	주요항목	세부항목	세세항목
식품위생 및 관련 법규, 식품학, 조리이론 및 급식관리, 공중보건	60	10. 조리과학	1. 조리의 기초지식	1. 조리의 정의 및 목적 2. 조리의 준비조작 3. 기본조리법 및 다량조리기술
			2. 식품의 조리원리	1. 농산물의 조리 및 가공 · 저장 2. 축산물의 조리 및 가공 · 저장 3. 수산물의 조리 및 가공 · 저장 4. 유지 및 유지 가공품 5. 냉동식품의 조리 6. 조미료 및 향신료
		11. 급식	1. 급식의 의의	1. 급식의 의의
			2. 영양소 및 영양 섭취 기준, 식단 작성	1. 영양소 및 영양섭취 기준, 식단 작성
			3. 식품구매 및 재고관리	1. 식품구매 및 재고관리
			4. 식품의 검수 및 식품 감별	1. 식품의 검수 및 식품감별
			5. 조리장의 시설 및 설비 관리	1. 조리장의 시설 및 설비 관리
			6. 원가의 의의 및 종류	1. 원가의 의의 및 종류 2. 원가분석 및 계산

출제기준(실기)

직무분야	음식 서비스	중직무분야	조리	자격종목	양식조리기능사	적용기간	2019.1.1 ~ 2019.12.31

○ 직무내용 : 양식조리분야에 제공될 음식에 대한 기초 계획을 세우고 식재료를 구매, 관리, 손질하여 맛, 영양, 위생적인 음식을 조리하고 조리기구 및 시설관리를 유지하는 직무

○ 수행준거 : 1. 양식의 고유한 형태와 맛을 표현할 수 있다.
2. 식재료의 특성을 이해하고 용도에 맞게 손질할 수 있다.
3. 레시피를 정확하게 숙지하고 적절한 도구 및 기구를 사용할 수 있다.
4. 기초조리기술을 능숙하게 할 수 있다.
5. 조리과정이 위생적이고 정리정돈을 잘 할 수 있다.

실기검정방법	작업형	시험시간	70분 정도

실기과목명	주요항목	세부항목	세세항목
양식조리 작업	1. 기초조리작업	1. 식재료별 기초손질 및 모양썰기	1. 식재료를 각 음식의 형태와 특징에 알맞도록 손질할 수 있다.
	2. 스톡조리	1. 스톡 조리하기	1. 주어진 재료를 사용하여 요구사항에 맞는 스톡을 만들 수 있다.
	3. 소스조리	1. 소스조리하기	1. 주어진 재료를 사용하여 요구사항대로 소스를 만들 수 있다.
	5. 수프조리	1. 수프조리하기	1. 주어진 재료를 사용하여 요구사항대로 수프를 만들 수 있다.
	6. 전채조리	1. 전채요리 조리하기	1. 주어진 재료를 사용하여 요구사항대로 전채요리를 만들 수 있다.
	7. 샐러드조리	1. 샐러드 조리하기	1. 주어진 재료를 사용하여 요구사항대로 샐러드를 만들 수 있다.
	8. 어패류조리	1. 어패류 요리 조리하기	1. 주어진 재료를 사용하여 요구사항대로 어패류 요리를 만들 수 있다.
	9. 육류조리	1. 육류요리 조리하기 (각종 육류, 가금류, 엽조육류 및 그 가공품 등)	1. 주어진 재료를 사용하여 요구사항대로 육류 요리를 만들 수 있다.
	10. 파스타요리	1. 파스타 조리하기	1. 주어진 재료를 사용하여 요구사항대로 파스타 요리를 만들 수 있다.
	11. 달걀조리	1. 달걀요리 조리하기	1. 주어진 재료를 사용하여 요구사항대로 달걀 요리를 만들 수 있다.
	12. 채소류 조리	1. 채소류 요리 조리하기	1. 주어진 채소류를 사용하여 요구사항대로 채소 요리를 만들 수 있다.

실기과목명	주요항목	세부항목	세세항목
양식조리 작업	13. 쌀조리	1. 쌀 요리 조리하기	1. 주어진 재료를 사용하여 요구사항대로 쌀 요리를 만들 수 있다.
	14. 후식조리	1. 후식 조리하기	1. 주어진 재료를 사용하여 요구사항대로 후식요리를 만들 수 있다.
	15. 담기	1. 그릇 담기	1. 적절한 그릇에 담는 원칙에 따라 음식을 모양있게 담아 음식의 특성을 살려 낼 수 있다.
	16. 조리작업관리	1. 조리작업, 안전, 위생 관리하기	1. 조리복 · 위생모 착용, 개인위생 및 청결 상태를 유지할 수 있다. 2. 식재료를 청결하게 취급하며 전 과정을 위생적이고 안전하게 정리정돈하고 조리할 수 있다.

양식조리기능사 및 산업기사 기본 준비물

실기시험 지참 목록

양식 실기시험에 관한 지참목록은 매시간 실기시험 품목에 따라 다소 차이가 있으나 그 지참 목록은 대체로 다음과 같다.

1) 위생복

(1) 조리모

① 한쪽으로 기울어지지 않게 한다.

② 짧게 깍은 머리카락이 귀 윗부분부터 덥힐 수 있도록 한다.

③ 모자의 모양이 구부러지거나 구겨진 부분이 없도록 한다.

(2) 상의

① 상의의 이중단추는 여러 가지 기능을 갖추고 있어 작업시에 발생할 수 있는 오븐이나 스토브의 급속한 열을 차단해준다.

② 뜨거운 음식물이 튀었을 때에도 일차적으로 몸을 보호해주는 역할을 한다.

③ 상의 단추는 완전히 잠그고 가능한 한 면으로 된 단추를 사용한다.

④ 양쪽 소매는 조리시에 불편함이 없도록 2번 정도 접어 손목이 5cm 이상 노출되도록 올린다.

(3) 하의

① 허리가 알맞은 것으로 길이는 안전화의 윗부분이 살짝만 덮이는 것이 좋다

② 벨트 착용으로 움직임을 방지하여야 한다.

(4) 앞치마

① 뒤로 둘러 배꼽까지 돌아와 단단히 묶을 수 있어야 한다.

② 남는 끈은 팔이나 다른 물건에 걸리지 않도록 단순하게 묶어 안으로 밀어 넣거나 리본형식으로 단단히 매어준다.

(5) 머플러

① 뜨거운 열이 발생하는 주방에서 작업을 하는 동안 많은 양의 땀을 흘리게 되는데 땀을 닦아 내기 위해서 손을 사용하면 불결하기도 하고 세균에 감염될 우려가 있는데 머플러는 손을 대지 않더라도 흡수가 되어 닦아주는 효과를 내고 있다.

② 뜨거운 요리 재료나 다른 이물질이 목에 남아 있는 공간으로 들어가는 것을 방지해 준다.

③ 머플러의 재질은 순면으로 수분흡수가 잘 되어야 한다.

④ 크기가 적당하여 목을 감싸는데 불편함이 없어야 한다.

⑤ 착용 시 목 부분에 공간이 많이 나지 않도록 하여야 한다.

(6) 안전화

① 주방에서 안전화의 역할은 바닥이 미끄러울 때 다른 신발에 비하여 안정성을 높여 미끄러지는 것을 방지하여야 한다.

② 위험한 물건이 떨어지거나 충격을 가하였을 때 그 충격을 흡수해 주는 보호역할을 한다.

③ 안전화의 끈은 풀어지지 않도록 단단하게 매어야 하고 묶은 나머지 끈은 위험발생요지가 없도록 아주 짧게 처리하는 것이 바람직하다.

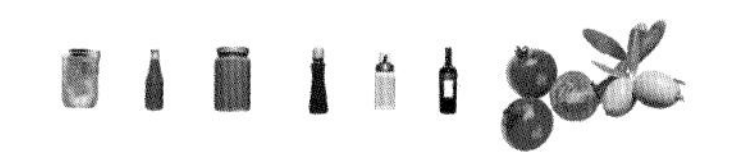

양식조리기능사와 양식산업기사

시험에 필요한 기구 및 기기

개인용 조리기구는 식재료를 자르고, 모양내고, 지어내거나 건져내고, 섞는 등의 작업을 하는 작고 가벼운 개인용 도구로써 칼을 비롯하여 스패튤러(spatula), 필러(peeler) 등을 통칭한 것을 말한다.

- **다목적 채칼(만돌린)** : 가공된 강철로 만든 채소 칼로서 다양한 간격으로 썰 수 있는 단면 칼, 세로 홈을 판 날(감자, 당근 등을 썰 때 사용)이 있다. 둘 다 두께를 조절할 수 있다. 이 칼로 채소를 써는 방법은 매우 다양하다. 두께가 일정한 둥근 모양(얄팍한 감자튀김이나 빵 등)이나 두께가 다양한 막대 모양의 재료를 자르는 데 사용한다.
- **스키머와 스파이더(Skimmer and Spider)** : 육수나 액체의 불순물을 제거하거나 음식을 들어내는데 사용되는 긴 손잡이가 달린 일종의 체이다. 편평하고 구멍 뚫린 표면의 스키머는 수프 또는 소스 육수로부터 음식을 들어내거나 또는 기름기를 제거하는데 유용하게 사용된다. 고운체를 가진 스파이더(Spider)는 뜨거운 기름을 제거하는 데 편리하다.
- **국자(Ladle)** : 음식을 덜어낼 때 사용(Pouring Ladle).
- **리프터(Lifter)** : 틸팅 팬(Tilting Pan)이나 큰 소스 팟(Sauce Pot) 등에서 식재료를 볶거나 뒤집었을 때 사용되는 리프터(Lifter)
- **채소필러(Vegetable Peeler)** : 60mm 길이로 모양은 다양하며 스테인리스 철골이 손

잡이에 고정되어 있다. 40mm의 날 2개와 껍질이 빠져나오기 위한 1mm의 홈이 2개 나 있다. 보통 채소와 과일의 껍질을 깎거나 식용부에는 얇게 벗겨내는데 매우 유용하다.

- **제스터(Zester)** : V자형 날이 있고 둥근 스텐레스로 된 부분을 가진 도구. 레몬, 귤, 라임 또는 오렌지 껍질을 벗겨내는 것으로 제스터를 이용하여 오렌지나 레몬의 위에서부터 아래로 힘을 주어 벗겨내면 껍질이 줄리앙(Julienne)이 되어 나온다.
- **브레이징 포크 또는 조리용 포크(Braising Fork or Chef's fork)** : 길게 U자 모양의 도구로 끝은 손잡이에 고정되어 있다. 뾰족한 부분은 스테인리스로 되어 있고, 손잡이와 꼬챙이 부분이 무게를 감당할 수 있도록 튼튼한 것이어야 한다. 조리시 손을 사용하지 않고 단단하고 촘촘한 것을 집기 위한 것으로 육류덩어리나 재료를 깊이 찔러 고정할 수 있고 옮길 수도 있다. 로스팅, 브레이징하고 있는 육류나 그밖의 다른 음식을 들어내거나 뒤집는 데 이용된다.
- **볼컷트 또는 파리지안 스쿠프(Melon ball cutter or Parisienne Scoop)** : 여러 가지 크기가 있으며 감자나 당근, 무 또는 멜론, 수박 등 채소나 과일의 살을 동그란 볼 모양으로 파내는 도구이다.
- **스패튤러(Spatula)** : 스트레이트 스패튤러(Straight Spatula) 또는 팔레트 나이프(Palette Knife)라고도 한다. 22cm의 유연하고 긴 팔레트 종류로 스테인리스 스틸로 되어 있고 한쪽 끝은 둥글다. 다른 한쪽은 금속테에 의해 손잡이에 고정되어 있다. 매우 유연한 것으로 망가지기 쉬운 것을 모양을 흩뜨리지 않으면서 옮길 때 사용하고 케이크에 크림을 바를 때 이용한다.
- **조리용 바늘** : 윤이 나는 긴 강철대(20cm)로써 바늘 구멍(묶을 끈을 집어 넣는)이 있고, 다른 쪽 끝은 뾰족하게 되어 있다. 가는 끈으로 닭의 넓적다리와 날개 등을 묶을 때 사용한다.
- **파스타 기계(Pasta Machine)** : 링귀네(Linquine) 등과 같은 롱 파스타(Long Pasta) EH는 라자냐(Lasagne)나 라비올리(Ravioli) 등에 이용되는 쉬트파스타(Sheet

Pasta)를 쉽게 만들 수 있다.

- **시누아 또는 차이니스 캡(Chinois or Chinese Cap)** : 원뿔 모양의 금속으로 된 체로서 작은 구멍들을 통하여 소스나 수프를 걸러주는 역할을 한다.
- **오프셋 스패튤러 또는 뒤집기(Offset Spatula or Tourner)** : 넓은 날에 뜨거운 표면에 손이 닿지 않도록 손잡이가 꺾어져 있다.
- **그리들(Griddle)** : 그릴(Grill) 위에서 조리하고 있는 달걀, 팬케이크, 고기 등을 쉽게 뒤집고 들어내게 한다. 또한 그리들의 청소 시 표면을 긁어내는 역할도 한다.
- **조개와 굴 오프너(Clam Opener and Oyster Opener)** : 조개 또는 굴의 껍질을 쉽게 벗겨내어 살을 들어낼 수 있는 도구이다.
- **집게(Tongs)** : 뜨거운 음식물 또는 식재료를 집을 때 사용한다.
- **조리용 스푼(Plain and Slotted spoons)** : 조리시 사용되는 스푼으로 구멍이 있는 아미 스푼과 롱스푼이 있다.
- **거품기(Whisks)** : 달걀 흰자, 생크림 등을 거품을 낼 때 사용하고 조리시 덩어리를 없앨 때 사용한다.
- **육류 두드림 망치(Meat mallet)** : 육류나 가금류의 고기 종류를 얇게 두드릴 때 사용한다.
- **사과씨 제거기(Apple corer)** : 사과를 절단하지 않고 씨를 제거할 때 사용한다.
- **달걀 절단기(Egg slicer)** : 삶은 달걀을 일정한 모양으로 자를 때 사용
- **캔 따개(Can opener)** : 캔이나 병의 뚜껑을 따는 데 사용한다.
- **치즈갈게(Cheese grater)** : 단단한 치즈를 갈 때 사용한다.
- **믹싱볼(Mixing bowl)** : 면이 둥글게 되어 있어 거품을 내거나 재료를 섞기 용이하게 만들어진 기구
- **다용도 뜨개(Scoop) 아이스 뜨개** : 아이스크림이나 감자 같은 것 등을 개별화를 할 때 사용한다.
- **팀발기(Timal mould)** : 팀발요리를 할 때 모양을 내는 기구이다.

- 짤주머니(Pastry bag) : 갈은 감자나 크림 종류를 조리하여 모양낼 때 사용. 양식조리기능사 시험 시 스터프드 에그에 사용한다.
- 짤주머니 노즐(Assorted nozzles) : 다양한 모양의 짤주머니에 부착하여 사용하는 노즐
- 모양자르기(Ornamenter ring) : 오렌지나 레몬 등을 홈이 패이도록 한 다음 둥글게 자를 때 모양내는 기구
- 고무주걱(Rubber spatula) : 기구에 붙어 있는 고운 재료를 분리하거나 모을 때 사용한다.
- 뒤집게(Straight spatula) : 조리시 납작한 재료를 쉽게 뒤집을 수 있도록 고안되어 있다.
- 계량컵 : 계량컵은 표준 쿼트 측정법에 기초를 두고 제작된 것으로 표준용기 1컵은 1/4쿼트, 또는 236.6ml, 영국식 방법으로는 8플루이드 온스(fluid onces : 액체 측정 단위)이며, 1컵은 16Ts이다. 그러므로 1플루이드 온스는 2Ts에 해당한다. 대부분의 계량컵은 3/4, 2/3, 1/2, 1/4로 눈금이 표시되어 있다.
- 계량스푼 : 약품이나 적은 분량의 조미료 등을 재어서 사용하기에 알맞도록 각 단위의 눈금이 그어져 있기도 하며, 분량에 따라 아예 크기가 각각 다르게 만들어진 것등 몇 가지 종류가 있다. 그것을 만든 소재도 금속 · 플라스틱 · 종이 종류 등 여러 가지이다. 크기는 보통 2.5ml, 5ml, 10ml 등 3~4개가 1세트로 되어 있는 경우가 흔하다.
- 이쑤시개 : 한쪽 혹은 양쪽 끝에 뾰족한 부분을 이용하여 이물질을 제거해내는 용도로 사용되기도 한다. 보통 플라스틱이나 나무로 만들어지지만, 녹말로 만들기도 한다. 양식에서는 새우의 내장 제거나 새우를 일자형으로 데칠 때 사용한다.
- 무스 틀 : 양식에서 무스요리를 할 때 주로 사용하는 개인용 소도구이다.
- 작은 테린 틀 : 양식에서 테린 요리를 할 때 주로 사용하는 개인용 소도구이다.

참고문헌

경영일 외(2005), 맛있게 배우는 서양요리, 광문각.

김진 외(2007), 조리용어사전, 광문각.

네이버 백과사전.

양태석 외(2011), 새 서양조리, 백산출판사.

염진철(2008), 기초 조리이론과 조리용어, 백산출판사.

이종필 외(2006), 고급 서양요리, 효일출판사.

채범석 외(1998), 영양학사전, 아카데미서적.

최광수(2011), 서양조리실무, 백산출판사.

한국식품과학회(2008), 식품과학기술대사전, 광일출판사.

한춘섭 외(2011), 정통 이탈리아 요리, 백산출판사.

▣ 저자 소개

이재현

- 경희호텔경영 전문대학 조리학과 졸업
- 초당대학교 조리학과 졸업(이학사)
- 경기대학교 관광대학원 외식산업학과 졸업(석사)
- 힐튼호텔 프렌지 레스토랑 부 주방상
- Apro F&B 외식사업부 총 주방장
- Apro F&B 스테이크하우스 CEO
- 바비엥 레지던스호텔 조리부장(총책임자)
  (메뉴, 주방설비·메뉴교육, 조직구성, cost control 담당, 외국인전용 장기투숙호텔)
- 한국산업관리공단 조리기능장 취득
- 서비스교육자 과정 이수/HACCP 이수/맛소믈리에 중급과정 이수
- 2002 서울국제요리대회 금상수상/2012 서울국제요리대회 금상수상/2013 한국국제요리경연대회 금상수상
- 한국산업관리공단 조리기능사 심사위원/국제요리경연대회 심사위원/조리사중앙회 세계영쉐프대전 조직위원회 운영위원/서울국제 푸드앤테이블웨어 심사위원
- 한국외식산업학회정회원/조리기능인협회이사/조리기능장회 임원/세계음식문화연구원 상임이사/에스코피에 요리연구회 이사
- 중국제남대학교 호텔관리학과 석좌교수
- 현재, 한국호텔관광전문학교 서양조리교수

논문 및 저서

- 외식창업메뉴기획에 관한 연구(2005)
- 꼭 알아야 할 기초서양요리(도서출판 유강)(2013)

Basic 양식조리

2016년 2월 10일 초 판 1쇄 발행
2020년 9월 10일 개정판 3쇄 발행

지은이 이재현
펴낸이 진욱상
펴낸곳 백산출판사
교 정 편집부
본문디자인 강정자
표지디자인 오정은

등 록 1974년 1월 9일 제406-1974-000001호
주 소 경기도 파주시 회동길 370(백산빌딩 3층)
전 화 02-914-1621(代)
팩 스 031-955-9911
이메일 edit@ibaeksan.kr
홈페이지 www.ibaeksan.kr

ISBN 979-11-5763-915-1 93590
값 20,000원

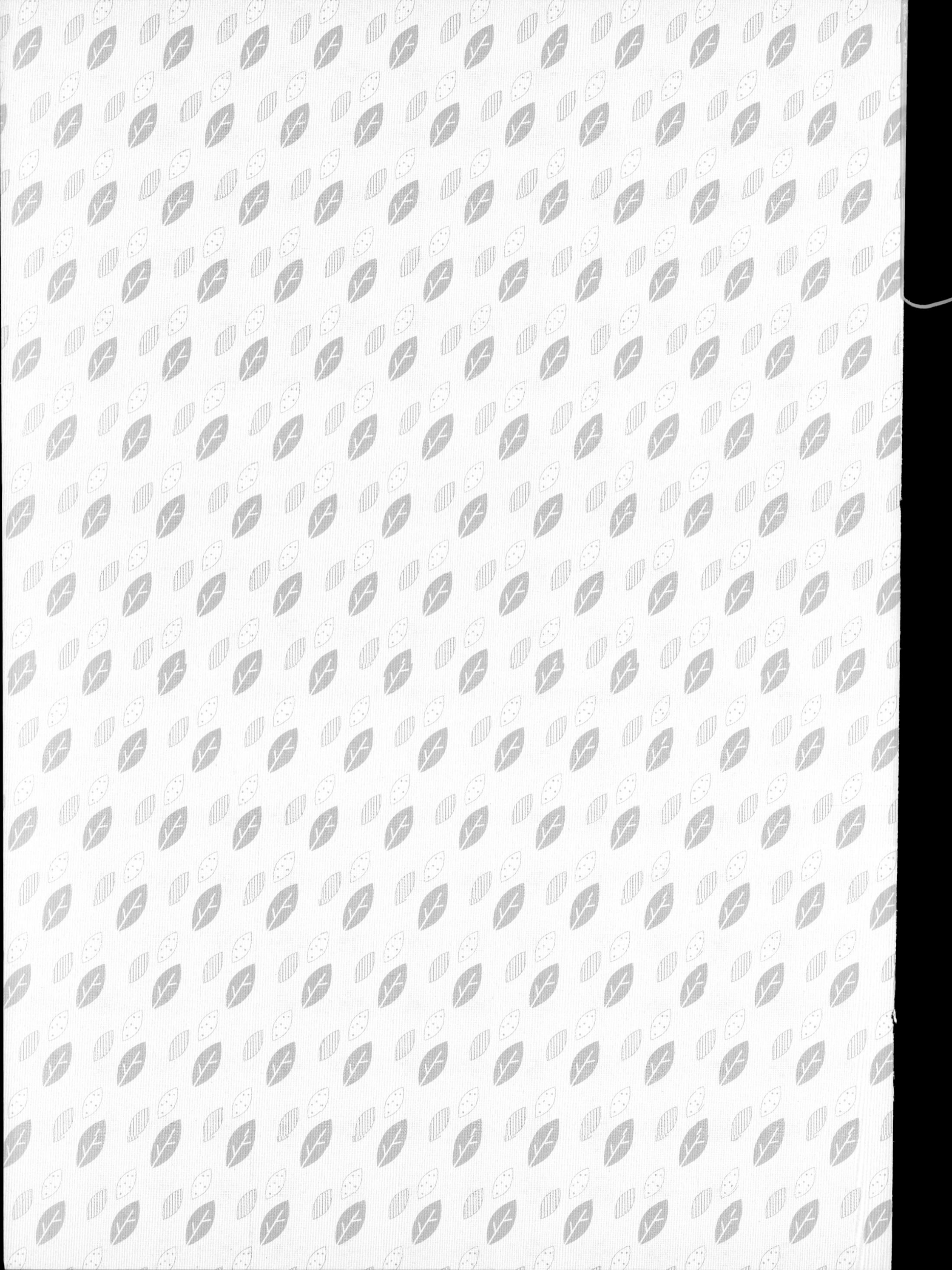